北洋设计文库

走向海绵城市

STRIDING TOWARDS TO SPONGE CITY

——海绵城市的景观规划设计实践探索

曹磊 杨冬冬 王焱 沈悦 著

天津大学出版社
TIANJIN UNIVERSITY PRESS

前言
FOREWORD

当前海绵城市成为热门话题，各地纷纷争做海绵城市建设试点城市，制定地方标准，住建部也要求各地抓紧编制海绵城市专项规划。但什么是海绵城市？为什么建设海绵城市？如何建设海绵城市？北方缺水地区是否适宜建设海绵城市？这些问题即便是一些专业人员也未必能准确理解和把握，特别是在不同地区的不同环境建设海绵城市还有很多课题需要进行深入的研究和探索。

首先，建设海绵城市不是为了赶时髦，而是实现城市生态环境可持续发展的重要措施，尤其是北方的城市和地区，常年缺水，夏季易受极端气候影响，暴雨造成城市内涝，水质恶化污染严重，就更突显出海绵城市建设的重要性和紧迫性。海绵城市就是指城市能够像海绵一样，在适应环境变化和应对自然灾害等方面具有良好的“弹性”，下雨时吸水、蓄水、渗水、净水，需水时将蓄存的水“释放”出来并加以利用。针对我国城市建设密度高、强度大的现状，海绵城市建设应突出中国雨洪管理特色，即统筹低影响开发雨水系统、城市雨水管渠系统及超标雨水排放系统，三个系统相互补充形成联动，实现“弹性”的科学管理。

其次，海绵城市建设必须与城市景观建设相结合，通过景观生态型的雨洪管理措施与方法实现，使城市生态环境可持续发展。国外的成功经验可以借鉴学习，但不能生搬硬套，建设海绵城市要根据区域环境和场地的特点采取不同的措施和方法。例如在天津盐碱地区就应该结合场地设计，将排盐、土壤改良、景观设计等与雨洪管理措施统筹考虑，甚至能取得一举两得之效果。海绵城市的规划设计方法多种多样，应该灵活运用，应该探索创造有地域特色的优美的雨洪管理型景观生态环境。

另外，海绵城市建设前期需要进行大量的调研分析和科学研究，要以准确的数据、科学计算和模拟分析为依据，选择最适宜的措施和方法；建设后期需要进行长期的测试、评价和维护管理。

最后，结合我们完成的四个典型海绵城市实践案例进行深入分析。四个案例呈现了生态化雨洪管理措施在不同场地环境中各种不同的处理措施和方法，涵盖了平原型、山地型以及教学科研型三种不同项目类型。

海绵城市建设需要设计人员将雨洪管理的概念和方法或多或少地融入到自己创作的项目中，使我们的城市更美好，生态更可持续。

曹磊

2015 年 12 月 26 日

目录
CONTENTS

资助项目：

国家自然科学基金面上项目“以景观规划设计为途径的京津冀地区城市自然与人工水循环系统耦合方法研究”（51578367）；

国家自然科学基金青年项目“城市生态化雨洪管理型景观空间规划策略研究”（51308318）

资助机构：天津市景观生态化技术工程中心

第 1 章 城市化与城市水文循环

CHAPTER 1

URBANIZATION AND URBAN HYDROLOGICAL CYCLE

1.1 城市化与水循环

改革开放后，我国经历了翻天覆地的变化，社会生产力迅猛发展，科学技术水平取得长足进步。在全国国内生产总值中，第二产业、加工业以及以通信业、服务业为代表的第三产业所占比重快速升高，而农业、林业等第一产业所占比重逐年下降。与此同时，大量人口向城市转移，城市核心圈层建设趋于饱和，城市用地不断向郊区扩展。与此同时，城市中的居住形式也随之发生改变，由之前低密度的分散式向高密度的集约式转变，居住空间逐渐远离自然环境。这些现象都标志着城市化进程的不断加剧。但遗憾的是，由于很长一段时间人们对城市中自然生态系统的忽视，生态系统依靠自我调节能力已难以适应、跟上这种快速变化，城市化成为了一把双刃剑，由此引发了一系列生态问题。城市水问题正是其中非常突出的一项。

参与城市水循环的水体主要有雨水、河湖水、地下水、饮用水、景观水以及废水。雨水下渗补充地下水，补充河湖等自然水体；城市取湖水或地下水作为水源净化处理后，为市民提供饮用水以及生产、生活用水；生产、生活用水经使用后成为废水，被输送至污水处理厂净化处理后，排入自然水体；自然水体蒸发（包括植物蒸腾）促成降雨（见图 1-1-1）。城市发展初期，这种循环有序进行，城市供需水量基本保持平衡。然而城市化的高速发展打破了这种良性循环过程。为了满足日益增长的需求，密集的楼房、纵横的道路带来城市下垫面硬质化率的大幅上升，导致雨水无法入渗，降水与地下水、河湖自然水体之间的通道被阻隔。而此时，埋于地下的城市管网，默默工作，集中收集地表径流。中小降雨时，雨水径流经管网快速排至城市下游；遇强降雨时则受管网设计建造标准的限制，在排水受阻时形成内涝灾害。高硬质化率的城市下垫面与管网排水方式共同造成城市降水无法入渗、来不及蒸发，进而导致雨水资源流失、城市地下水减少、河湖水体缺乏补充，最终危及城市供水环节，引发城市水问题。据统计（见图 1-1-2），对于未经开发的自然地而言，中小降雨后，降雨量的 50% 会经土壤入渗地下，其中一半补充深层地下水，而另一半则成为壤中流，形成沿坡面的侧向水流，最终从表层土壤流入河网、湖泊等自然水体。另外的 40% 或直接被蒸发，或被植物吸收后在蒸腾作用下再次回到空气中，遇到恰当的气候条件再次形成降雨。地表径流量仅占降雨总量的 10%。然而在同一块场地，随着建设强度的增大，当场地下垫面不透水率达到 75% ～ 100% 时，在同样强度

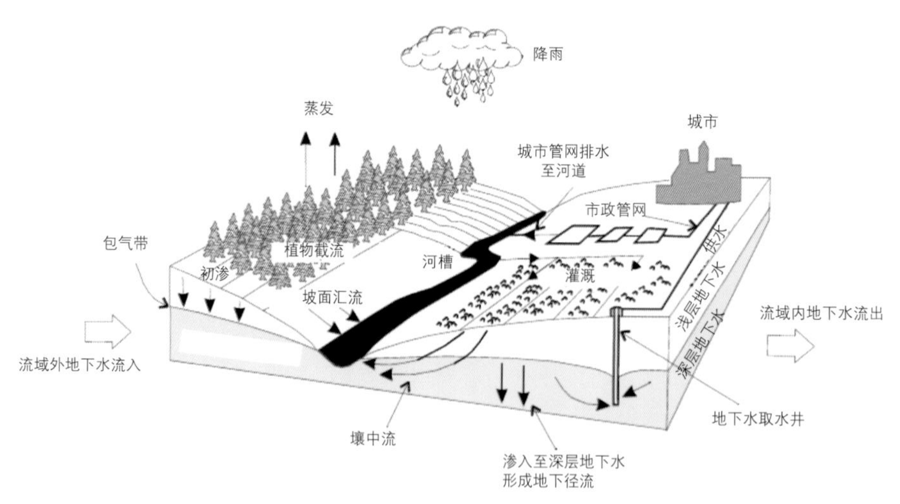

图 1-1-1 城市水循环系统示意
（来源：After,M.L. Davis, D.A.Cornwell. *Introduction to Environmental Engineering*,1991.）

的降雨工况下，可入渗地下的水量仅占降雨总量的 15%，其中 10% 补充自然水体，有超过一半的降雨量被留在地表，成为内涝隐患。

图 1-1-3 则基于统计学数据，对典型降雨条件下场地建设前后地表产流过程进行比较，阐明了城市化高不透水面积率对于城市水环境产生消极影响的两个核心要因：①高峰值，由大量的地表产流所致；②峰值前置，硬质化地面比自然地粗糙程度低，糙率小，由径流汇流时间短所致。图 1-1-4 同样说明随着建设强度的增加，地表径流的峰值流量明显增加，而且高峰值流量的历时更长。由此引发的不仅仅是城市洪涝灾害，还不可避免地产生水土流失、水质恶化、水生动植物栖息环境改变等一系列环境问题。表 1-1-1 对城市化过程中硬质化率增大对城市水循环过程产生的一系列影响进行总结。由表可以看出，大面积不透水下垫面也是造成河流旱季缺水甚至干涸，而雨季逢雨就涝的主要原因。表 1-1-2 以加拿大多伦多市为例，比较了不同开发建设强度下，采用不同雨洪管理方式，同一场地雨水资源空间分配量的差异。由表可知，采用合理的雨洪管理方式，形成从源头、过程到终端的雨洪管理系统，可使场地的产汇流过程趋向于初始状态，进而促进水环境归于健康。

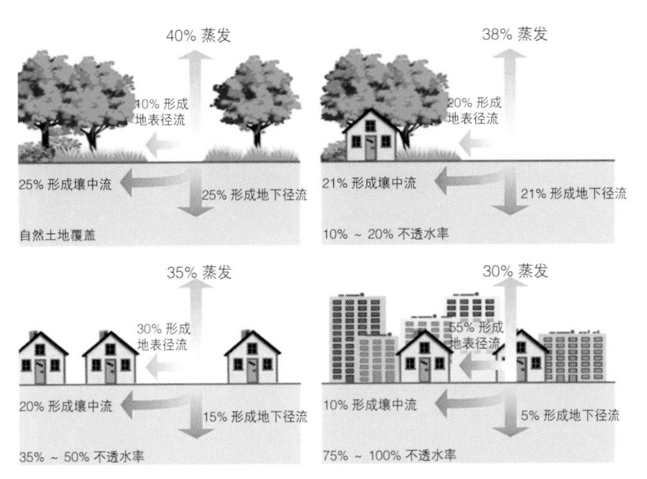

图 1-1-2 城市化对雨水资源空间分配的影响
（来源：U.S. EPA, 2007）

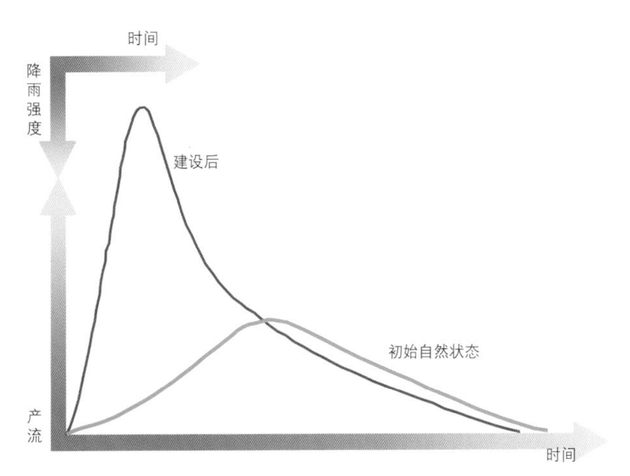

图 1-1-3 城市化对地表产流过程的影响

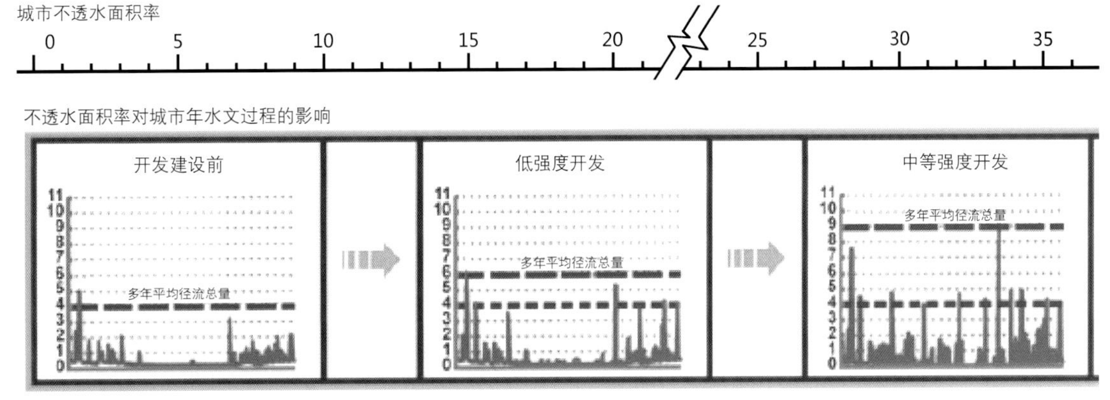

图 1-1-4 城市化对产汇流过量的影响
（来源：BC MWLAP, 2002）

表 1-1-1 城市化的水环境效应[1]

城市硬质化率提高产生的水环境效应	直观表现					
	洪灾和湍急流	栖息地减少	侵蚀和沉积	河道拓宽	河床侵蚀	水质
地表径流总量增加	√	√	√	√	√	√
峰值流量增加	√	√	√	√	√	√
峰值提前	√	√	√	√	√	√
河道温度提高		√				√
河道基流减少	√	√				√
河道水沙比例改变	√	√	√	√	√	√

表 1-1-2 不同开发强度、不同雨洪管理方式下雨水资源的空间分配量[2]

开发强度	土壤类型	雨洪管理方式	平均值 (mm)			
			降雨量	地表径流	下渗	蒸发
自然地	砂土		804	77	418	365
中等开发强度	砂土	无管理[3]	804	291	264	289
中等开发强度	砂土	传统暴雨管理方法[4]	804	259	291	284
中等开发强度	砂土	生态化暴雨管理方法[5]	804	183	363	303

注：1 源自 *Credit Valley Conservation，2007b*

2 源自 *Credit Valley Conservation，2007b*

3 无暴雨水管理；

4 传统暴雨管理方法，例如蓄滞区；

5 生态化暴雨管理方法，包括源头措施、管网以及末端的大型湿地。

1.2 传统雨洪管理模式

传统的雨洪管理模式依靠地下管网系统排水（见图1-2-1）。在世界城市开始步入工业化以及城市化初始阶段，这种快速、高效收集雨水径流并将其排至城市下游的方式确实有效地解决了城市的排涝问题。此后，随着工程技术的不断进步，出于对污染防治和下游地区城市饮用水安全的保障考虑，城市依靠管网的雨洪管理模式从早期的雨污合流向雨污分流形式转变。前者指废水与雨水排入同一套管网系统中，雨水混着污水一同经管网排至河流等自然水体；后者指污水与雨水分别进入两套彼此分离的管网系统中，污水输送至污水处理厂处理，雨水则排至受纳水体中（见图1-2-2）。

在我国，自20世纪80年代起，从合流向分流制管网转变的“排水体系改革”在全国各大城镇广泛铺开，并率先在广州、昆明、天津、南京等城市中心城区实施改造工程进行尝试，力图在汛期或者大暴雨来临时，避免大量雨水径流混合污水因受管网过流能力限制，溢流至地表或进入自然受纳水体，造成内涝、水体污染等问题。然而，由于种种原因，无论从内涝防治还是水环境改善的角度来看，效果似乎都并不明显。以南京为例，始于2010年的雨污分流改造工程耗资180亿，但据南京市环保局发布的《2012年南京市环境状况公报》公布，2012年外秦淮河水质总体劣于2011年水平，几项主要污染指标如氨氮、COD和石油类都超过了Ⅳ类水质标准，处于劣Ⅴ类水平。不仅如此，近年来我国城市“逢雨必涝”现象突出，据住建部2010年对我国351个城市进行的城市排涝调研结果显示，之前3年间有62%的城市发生过不同程度的内涝，这种情况甚至扩大到干旱少雨的西安、沈阳等西部、北部城市。2012年北京“7•21”城市大规模内涝事件，更是造成79人死亡，160.2万人受灾，经济损失116.4亿元。

图1-2-1 地下给排水管网

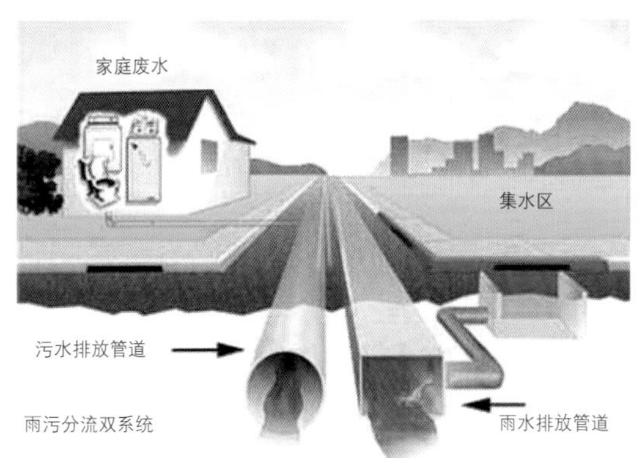

图1-2-2 城市排水进入雨污分流阶段

上述现象究其原因，有管网系统自身的问题，也有来自外部的压力。自身问题：市政管网作为城市地下工程性基础设施，无法针对快速的城市变化做出及时调整甚至改变。若进行应对，必然产生高额资金投入，并对城市交通、市民生活等造成影响。例如，采用雨污合流制排水方式的场地，原为低层建筑区，拆改重建后成为多层或高层建筑群，容积率大幅提高，场地实际建设规模成倍增长，原有的地下管网必然难以承受增加了数倍的排水量，内涝隐患加剧。加之我国排水管网建设标准偏低，规划布局不够合理，水环境问题日益突显。外部压力：城市硬质化率大幅提高，原始自然水循环过程中的下渗、蒸发环节被阻滞。近年来随着城市不透水面积的激增，相同降雨条件所对应的雨水径流量成倍增长，汇流时间急速缩短。规模相对稳定的城市排水管网排水难以应对城市水文过程的巨变。

由此可见，在很大程度上单纯依靠地下管道的传统城市雨洪管理模式既不可持续，也难以应对城市的快速发展以及全球日益突显的气候变化问题。伴随国际水资源意识的增强以及环境保护意识的加深，调整传统雨洪管理模式，使之向更为生态化、可持续化的方式转变，充分利用城市不同层面的建设机会，合理发挥不同城市管理部门的职责，并全面调动全民参与的积极性，成为国际社会普遍认可的未来城市水环境改善的新机遇。在此背景下诞生的“海绵城市”理念，作为城市水环境改善领域的中国声音，将助力中国城市水问题的解决。图 1-2-3 所示为集中处理的传统雨洪控制与分散处理的低影响开发策略 LID 雨洪控制的空间比较。

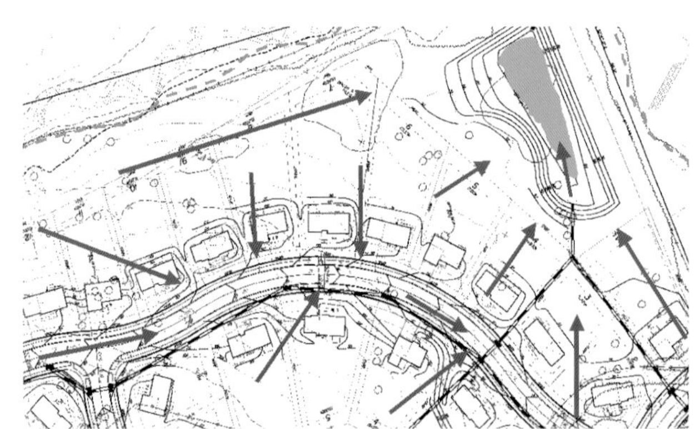

集中处理：排水压力大

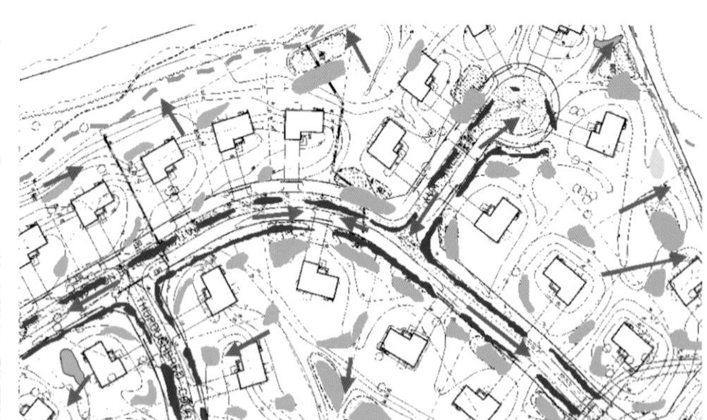

分散处理：源头处理，减轻压力

图 1-2-3 雨洪管理集中处理方式与分散化处理方式的比较

1.3 海绵城市

2013 年中央城镇化工作会议明确指出：“解决城市缺水问题，必须顺其自然。比如，在提升城市排水系统时要优先考虑把有限的雨水留下来，优先考虑更多利用自然力量排水，建设自然积存、自然渗透、自然净化的‘海绵城市’，推行低影响开发。”

为了大力推行海绵城市生态化雨洪管理理念的推广和落地工作，2015 年，我国中央财政部发布了有关建设海绵城市资金补助的政策文件。相关文件明确指出对于申请海绵城市建设试点的地区，在三年内中央财政将给予补助。补助金额根据城市规模的大小，按照直辖市、省会城市以及其他城市划分三类：直辖市的补助金额为每年 6 亿元，省会城市每年 5 亿元，其他城市每年 4 亿元。文件同时提出若某个城市或地区采用公私合营模式进行雨洪管理且效果明显，则所得资助将在原补助金额的基础上给予 10% 的奖励。消息一经公布，全国各地积极响应，有百余城市开展了试点城市的申请工作。经过从申报、筛选再到评价的激烈竞争，经过国家中央财政部、住建部、水利部三部委的联合审查与评估，2015 年 4 月 2 日中央财政部网站公布了我国第一批海绵城市建设试点城市名单，其中包括济南市、重庆市、厦门市、武汉市等 16 个城市。截至 2015 年 8 月，这些试点城市的建设项目已经全面展开。以济南市为例，济南建设试点区总面积为 39 平方千米，区内需实施海绵城市建设理念和措施的项目共计 43 个，已经实施开工的项目为 21 个，接近半数。可见，我国海绵城市建设正在如火如荼地进行。图 1-3-1 为海绵城市的模式图示。

本书将以天津大学风景园林系曹磊教授工作室 4 个不同类型的海绵城市景观规划设计项目为例（天津大学北洋园校区景观规划设计、天津蓟县于庆成雕塑公园景观规划设计、天津大学阅读体验舱景观设计、天津大学建筑空间环境实验舱景观设计），阐述城市生态化雨洪管理理念与措施在中国的实践应用。尽管这些项目中的具体做法、手段未必能简单地移植到其他项目中，但是相信书中的内容可以激发广大读者对海绵城市建设的热情与期待，启发该领域出现更具特点、更具创意的设计作品，为海绵城市建设作出一定的贡献。

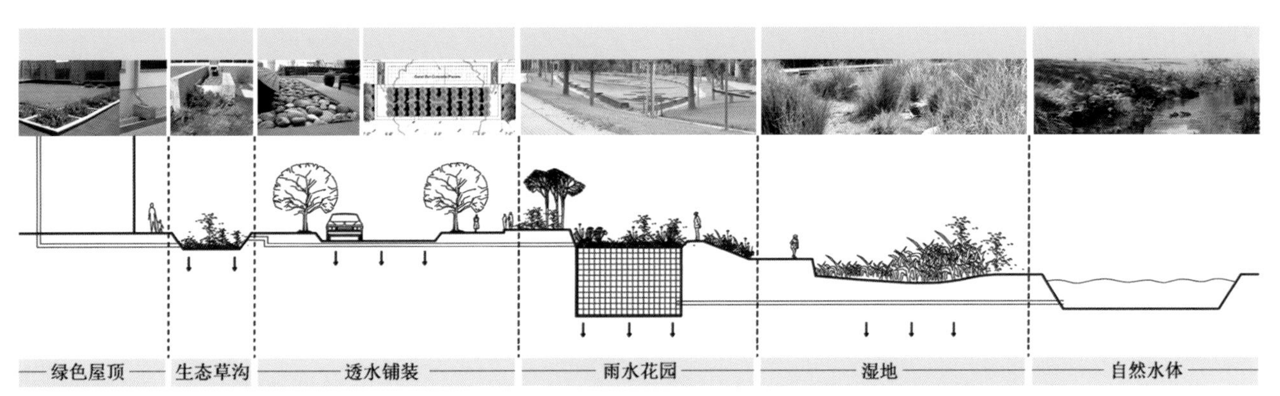

图 1-3-1 海绵城市模式图示

第 2 章　城市生态化雨洪管理与海绵城市

2.1 城市生态化雨洪管理

“城市雨洪管理”这一概念最初由国外引入，包括城市防洪排涝、降雨径流面源污染控制和雨水资源化利用三个主要方面。其具体内涵可理解为：城市雨洪管理是在法律、政策、经济等条件的保障或约束下，通过规划、设计、工程、管理等途径，鼓励雨水径流的蒸发、下渗、储水和再利用，从而减少或消除城市降水径流过程中潜在的城市内涝、下游洪水、河道侵蚀、面源污染等问题，以及在特定条件下对雨水进行收集与利用的一种系统化的管理方式。该概念区别于城市传统市政管网对待雨水径流的快排速泄方式，以“促进雨水重返自然循环过程”为核心特点（见图 2-1-1）。伴随城市管理部门和相关研究机构对于城市化与城市内涝、水质恶化内在关系的认识日趋明晰，“还原自然”水循环模式的雨水管理概念逐渐深入人心，由此“效仿自然”的绿色雨洪管理技术、措施不断出现。“生态化”和“可持续”成为城市雨洪管理又一核心内容。

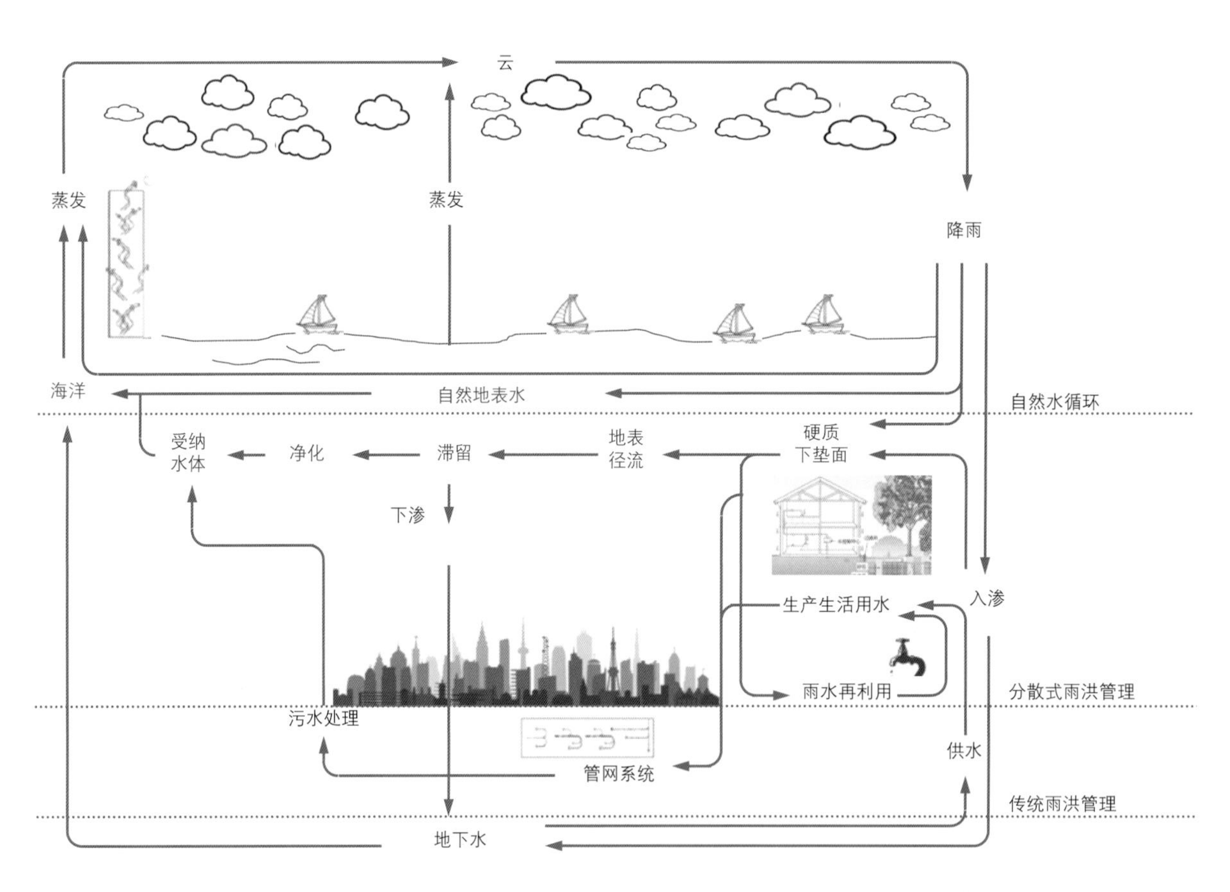

图 2-1-1 自然水循环与城市水循环系统的关系
（来源：作者根据 *Water Sensitive Urban Design—Principles and Inspiration for Sustainable Stormwater Management in the City of the Future* 改绘）

在过去的几十年间，世界各地纷纷就城市内涝、水质恶化问题展开研究。德国是第一个提出“源头就地处理”雨水径流的国家，并于 20 世纪 90 年代初开展生态化雨洪管理技术措施的应用实践，如德国汉堡法姆森马场的新居住区开发项目。法姆森马场居住区位于德国汉堡东北部，19 世纪初这里是一个砖厂，1911 至 1976 年间成为了德国非常著名的赛马场。但此后由于赛马行业的衰败，赛马场被逐渐废弃。直至 20 世纪 90 年代，汉堡市政府决定将这一区域发展成为居住区。新规划设计注重场地文脉的传承，场地作为砖厂和赛马场的历史得以体现。住宅沿着赛马场的环形跑道呈椭圆形布置，场地中心的自然坑塘湿地被保留下来（见图 2-1-2）。社区禁止汽车进入，一条椭圆形慢行步道连接着社区内、外环的所有建筑，其间串联着若干不同主题的儿童乐园。场地规划最为突出的特点是慢行步道旁并行着的人工椭圆形带状水系。该水系以雨洪管理为目标，经植草沟收集雨后社区建筑、慢行步道产生的径流。水系内布设有若干阻水坎以保证水系维持一定的景观水位，遇较强降雨，当水位超过阻水坎高度时，水流经溢流口溢流至椭圆形中心的两个集中蓄水坑塘中（见图 2-1-3 ～图 2-1-6）。同时期的实践项目还有柏林的波兹坦广场项目。

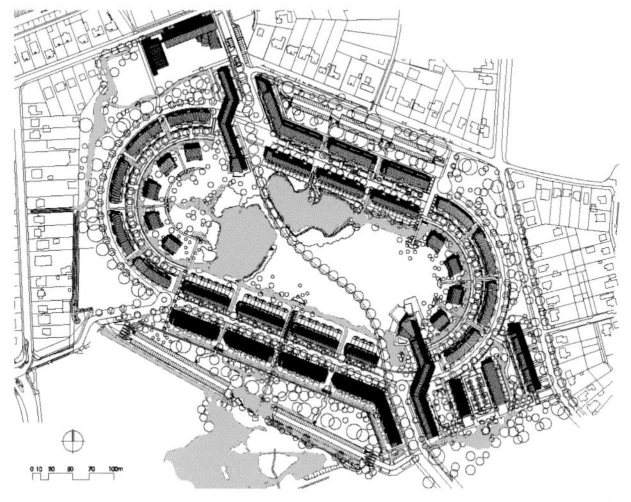

图 2-1-2 德国汉堡市法姆森马场居住区总平面图
（©Kontor Freiraumplanung Möller + Tradowski）

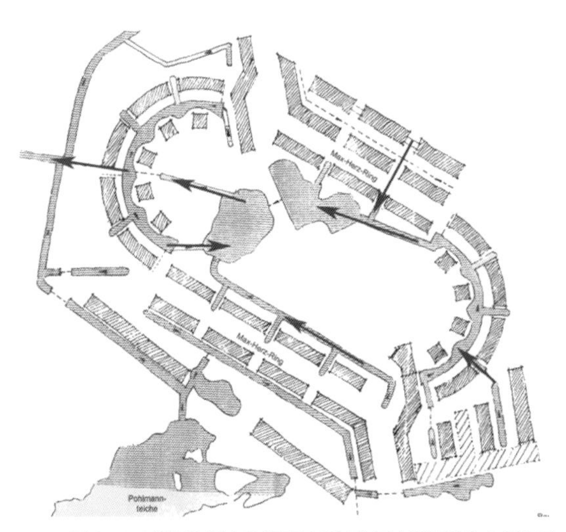

图 2-1-3 德国汉堡市法姆森马场居住区水循环系统分析草图
（©Kontor Freiraumplanung Möller + Tradowski）

图 2-1-4 下凹植草沟
（©M. Derneden）

图 2-1-5 人工水系收集雨水径流
（©M. Derneden）

图 2-1-6 循环系统末端的中央水池
（©M. Derneden）

美国以 1972 年联邦水污染控制法提出的最佳管理策略（Best Management Practices, BMPs）为标志，首次提出了要将城市雨洪管理从单一工程化的灰色方式（管网等）向绿色方式转变。以此为基础，2007 年低影响开发策略（Low Impact Development，LID）形成。该策略是美国环境保护署（US EPA）于 2007 年提出的一项将城市暴雨水管理与城市景观规划设计相统一的多目标集合化策略，强调通过模拟自然水文循环情况，最大限度地从源头控制径流，减缓径流量增加所产生的不良影响，降低径流接触并携带污染物的可能，从而有效解决目前大型城市中日益严重的城市水资源调节能力低下、水质恶化等一系列城市环境建设问题。

2008 年，美国波特兰市在山姆·亚当斯市长的倡议下全面践行以低影响开发措施为核心的“从灰色转向绿色（The Grey to Green Initiative）”建设活动，希望在 5 年内通过以雨洪管理为目标的各种绿色基础设施的实施，构建健康的城市水循环系统，美化城市环境（见图 2-1-7）。为了鼓励私有住宅业主使用雨洪管理措施，该市还提出了雨水管理费用减免的优惠政策。由此，许多业主纷纷在自家花园引入可起到雨水过滤、净化、滞留作用的景观化措施或小品，在响应政府号召的同时提升了自家的居住环境。自 2002 年，全市范围内有超过 25 个部门或个人项目获得美国环境保护署资助，并贯彻实施了雨洪管理的理念和措施，资助金额达到 260 万美元。波特兰市环保部门不仅通过网站（www.Portlandonline.com/bes）提供大量有关雨洪管理措施做法的文字和图片介绍，而且积极宣传以“从雨洪管理实践中获得乐趣”为主题的参观游线和项目，涉及步行街（见图 2-1-8 ～图 2-1-10）、绿色屋顶花园等多种类型，它们均采纳和融入了多种不同的，具有创新性的雨洪管理技术。该市还将雨洪管理措施大量应用于校园环境中，作为具有教育意义的景观措施，向学生宣传推广雨洪管理的理念和办法，并希望通过年轻的学生去影响他们的父母和子孙后代。

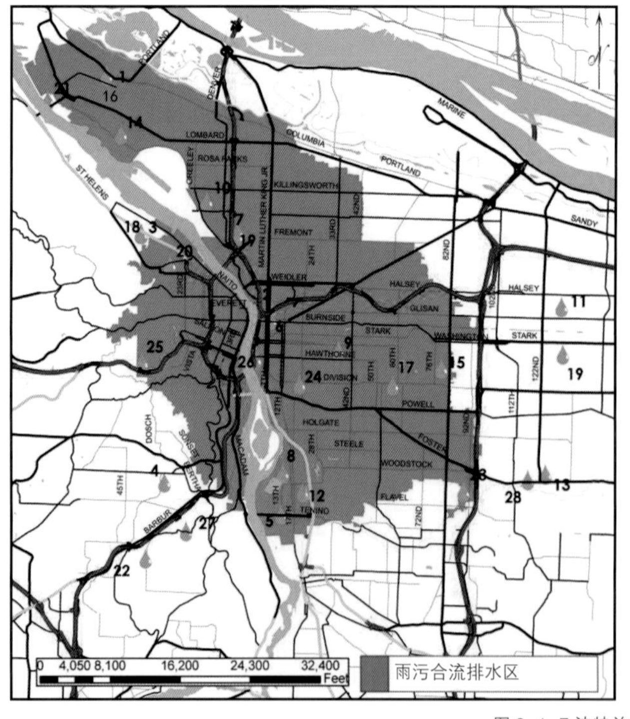

波特兰市 LID 措施分布索引：
落水管断开（区域 1）
生态屋顶（区域 2）
绿色街道（区域 3~6）
渗透池（区域 7）
植草沟（区域 8）
透水铺装（区域 9~12）
雨水花园（区域 13~15）
生态树池（区域 16~20）
下凹绿地（区域 21~28）

图 2-1-7 波特兰市“从灰色转向绿色”项目实施情况

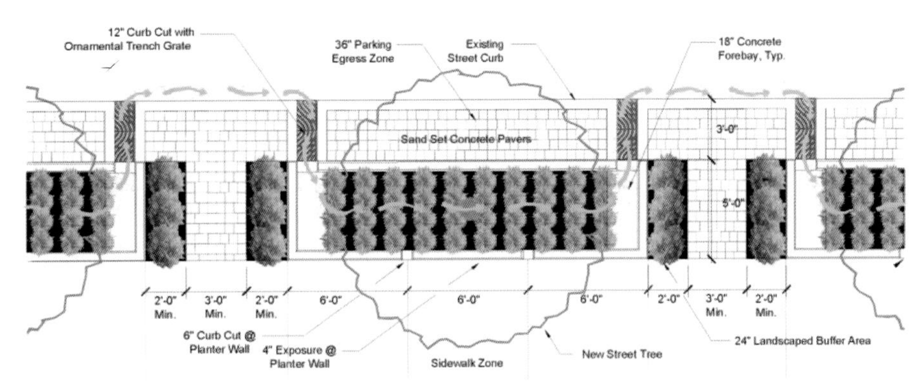

图 2-1-8 波特兰市绿色街道平面示意图

图 2-1-9 波特兰市绿色街道做法 1

图 2-1-10 波特兰市绿色街道做法 2

（注：图 2-1-7~ 图 2-1-10 ©Bureau of Environmental Services, City of Portland Oregon, USA）

此外，2000 年左右，英国和澳大利亚也分别提出了可持续城市排水系统 (Sustainable Urban Drainage Systems, SUDS) 和水敏性城市设计 (Water Sensitive Urban Design, WSUD) 应对城市水环境问题。前者将传统的以“排放”为核心的排水系统上升到维持良性水循环高度的可持续排水系统，强调首先利用家庭、社区等源头管理方法对径流和污染物进行控制，再到较大的下游场地和区域控制，在径流产生到最终排放的整个链带上，对产生的径流进行分级削减、控制（渗透或利用）。后者视城市水循环为一个整体，将雨洪管理、供水和污水管理一体化。WSUD 体系以水循环为核心，将雨水、供水、污水（中水）管理视为水循环的各个环节，强调通过城市规划和设计的整体分析方法，减少对自然水循环的负面影响，保护水生生态系统的健康。

对世界范围内城市生态化雨洪管理的理念和措施进行比较（见图 2-1-11），不难发现，随着理念的日渐丰富、措施的不断成熟（见表 2-1-1），城市生态化雨洪管理体系正在从早期的末端环节处理向源头发展，从单项措施的研发向多系统整合发展，从单一功能向复合多目标发展。

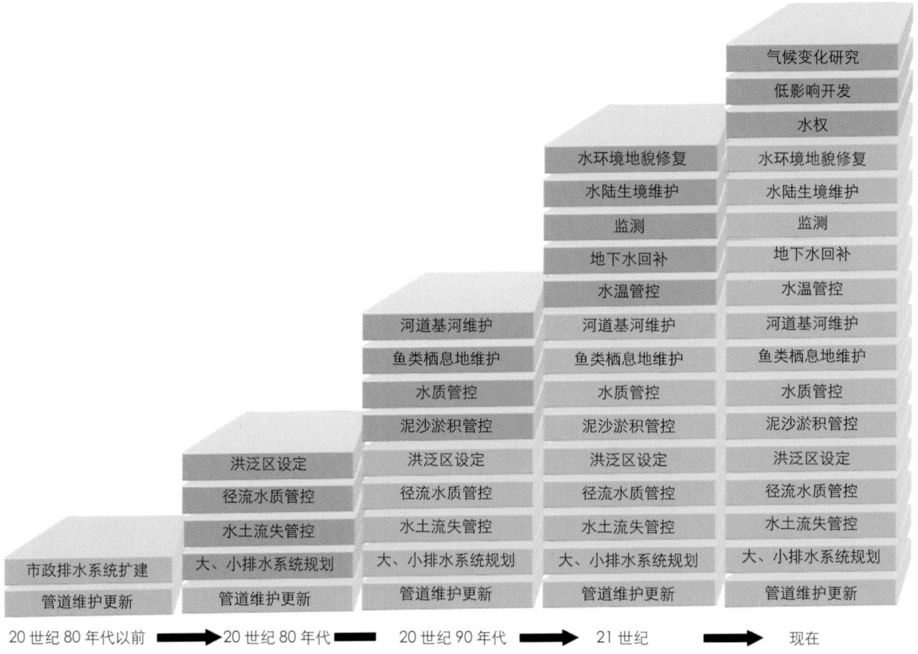

20 世纪 80 年代以前：市政排水系统扩建、管道维护更新

20 世纪 80 年代：洪泛区设定、径流水质管控、水土流失管控、大、小排水系统规划、管道维护更新

20 世纪 90 年代：河道基河维护、鱼类栖息地维护、水质管控、泥沙淤积管控、洪泛区设定、径流水质管控、水土流失管控、大、小排水系统规划、管道维护更新

21 世纪：水环境地貌修复、水陆生境维护、监测、地下水回补、水温管控、河道基河维护、鱼类栖息地维护、水质管控、泥沙淤积管控、洪泛区设定、径流水质管控、水土流失管控、大、小排水系统规划、管道维护更新

现在：气候变化研究、低影响开发、水权、水环境地貌修复、水陆生境维护、监测、地下水回补、水温管控、河道基河维护、鱼类栖息地维护、水质管控、泥沙淤积管控、洪泛区设定、径流水质管控、水土流失管控、大、小排水系统规划、管道维护更新

20 世纪 80 年代以前 → 20 世纪 80 年代 → 20 世纪 90 年代 → 21 世纪 → 现在

图 2-1-11 现代雨洪管理体系比较
（来源：MOE, *Subwatershed Planning* , June 1993.）

表 2-1-1 现代雨洪管理体系比较

理念	BMPs	LID	SUDS	WSUD	GI
英文全称	Best Management Practices	Low Impact Development	Sustainable Urban Drainage System	Water Sensitive Urban Design	Green Infrastructure
中文名称	最佳管理策略	低影响开发措施	可持续城市排水系统	水敏性城市设计	绿色基础设施
倡导国家	美国	美国	英国	澳大利亚	美国
出现时期	20 世纪 80 年代	20 世纪 90 年代	20 世纪 90 年代	20 世纪 90 年代	21 世纪
核心理念	洪涝与径流量控制	源头处理，维持场地开发前的水文特征	在“排”的过程中体现可持续性，通过源头、传输和末端处理三类措施形成处理链，从预防、源头到场地，再到区域的全过程，进行分级削减和控制	通过城市规划和设计的整体分析方法来减少对自然水循环的负面影响和保护水生生态系统的健康。将雨洪管理、供水和污水管理一体化	为人类和野生动物提供自然场所，如作为栖息地、净水源、迁徙通道等
特点	区别于传统雨洪管理的工程化措施，首次引入生态的方法进行径流管控	雨洪管理与景观设计结合的多目标、分散化管理措施	排水全过程的生态化管控	整个城市水循环（涵盖供水和排水系统）的可持续管控	
尺度	场地尺度	场地尺度、社区尺度	城市尺度	城市尺度、流域尺度	城市尺度、流域尺度
适用范围	中小降雨事件	中小降雨事件	可应对不同频级的降雨事件	可应对不同频级的降雨事件	

2.2 海绵城市基本理论

顾名思义，海绵城市是指城市能够像海绵一样，在适应环境变化和应对自然灾害等方面具有良好的“弹性”，下雨时吸水、蓄水、渗水、净水，需要时将蓄存的水“释放”并加以利用。《海绵城市建设技术指南——低影响开发雨水系统构建（试行）》中指出，海绵城市建设应将自然途径与人工措施相结合，在确保城市排水防涝安全的前提下，最大限度地实现雨水在城市区域的积存、渗透和净化，促进雨水资源的利用和生态环境保护。在海绵城市建设过程中，应统筹自然降水、地表水和地下水的系统性，协调给水、排水等水循环利用各环节，并考虑其复杂性和长期性。

不难看出，我国海绵城市建设理念充分吸收了国际先进生态化雨洪管理策略的多方面优点，表现在：①以雨水系统为核心并关注城市水循环系统的整体性；②采纳自然做功的低影响开发措施；③将传统市政部门、水利部门关注的城市产汇流过程与城市规划、设计、建设过程建立起密切联系，强调多专业领域的交叉融合。同时，又以“弹性”突出了中国雨洪管理的特色，强调城市低影响开发雨水系统、城市雨水管渠系统及超标雨水径流排放系统三系统的统筹，使城市具有应对不同强度降雨的能力。低影响开发雨水系统与城市管渠系统共同组织雨水径流的收集、下渗、传输、滞留与排放，应对中小强度降雨，维持水生态平衡。超标雨水径流排放系统应对超过雨水管渠系统设计标准的雨水径流，保障城市水安全。以上三个系统相互补充、相互依存，实现中国城市的“弹性”管理，见图 2-2-1。

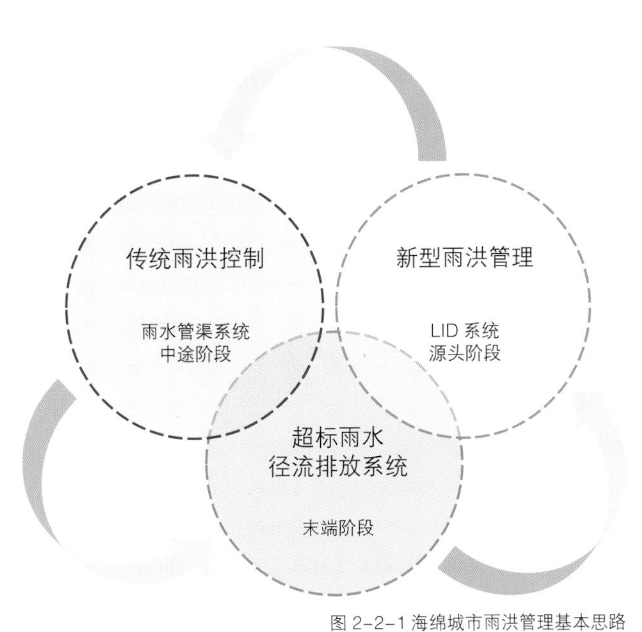

图 2-2-1 海绵城市雨洪管理基本思路

2.3 海绵城市建设技术要素与措施

2.3.1 海绵城市建设技术要素

我国大多数城市土地开发强度大，与发达国家人口少、绿化率高、有充足空间从产流源头消纳径流的情况差异较大。因此，《海绵城市建设技术指南》将源头式的低影响开发措施扩展至涵盖水循环中途和末端环节的多种灰色和绿色雨洪管理措施，提出“渗、滞、蓄、净、用、排”6种典型技术要素，以塑造城市良性的水文循环过程，全面提高城市雨水径流的渗透、调蓄、净化、利用和排放能力，维护水环境健康并保障城市水安全，赋予城市“海绵”功能。

2.3.3.1 “渗”

以鼓励雨水径流透过下垫面孔隙（土壤孔隙、透水铺装孔隙等）渗入地下、回补地下水为核心目标。“渗”一方面可以有效减少地表雨水径流的产生量，从而起到削峰的作用，减轻城市排涝压力，另一方面还可促进地下壤中流的形成，保证河流基流稳定。因为土地表层多为根系和小动物活动层，土壤比较疏松，所以下渗能力比下层密实土层大。雨水径流下渗后，一部分径流被阻滞在土地下层相对不透水面之上，形成沿坡面的侧向水流，最终从表层土壤中流入河网（见图 2-3-1）。壤中流流速缓慢，即使降水停止后，以侧向水流形式向河流补水的过程仍可能继续，故可有效避免枯水期河流水位骤降的问题，对于河流生态维护具有非常重要的意义。由此可见，“渗”在降水时，可通过减少地表径流保障城市水安全；而在降雨后，则通过地下坡面汇流，补充河水，改善水生态。

典型“渗”透措施有透水铺装、下凹式绿地、生物滞留池以及渗井等，均可营造出较好的景观效果，提高场地的审美性（见图 2-3-2 ～图 2-3-4）。

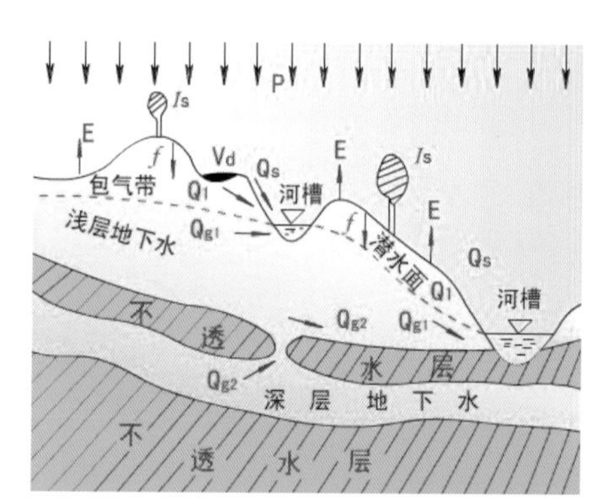

图 2-3-1 壤中流形成补充河水的过程图示

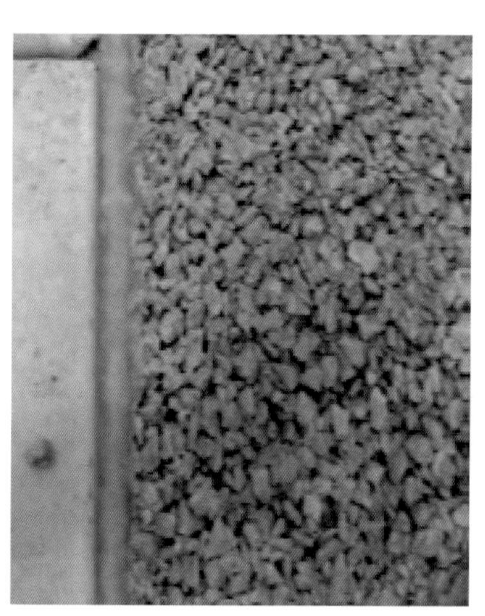

图 2-3-2 透水混凝土

图 2-3-3 硬化场地中的透水人行步道

图 2-3-4 掺混木屑和粗砂增加绿地渗水性

然而，上述措施并不适用于所有场地。较高的地下水位和较低的土壤渗透性均是会显著制约渗透效果的场地因素。前者可通过局部覆土抬高地面的方式削弱负向影响，但受竖向关系影响，该方式多见于建筑雨落管下方的高位植坛；后者则可通过在现有土壤中掺粗砂或换土的方式改善。

另外，需要指出的是，渗透措施上游应辅助有沉淀池、前置塘等预处理设施，净化入渗水流，尽可能减轻雨水径流对地下水可能造成的污染。对于污染严重的汇水分区，则不宜规划渗透设施（详见 3.2 节部分）。

2.3.3.2 “滞”

“滞”以减缓雨水径流汇集速度为核心目标。其典型方式为通过迫使雨水径流暂时停滞在地表凹地内，阻碍径流向下游的集中汇集，化整为零，有效减轻场地排水压力。从流域角度出发，合理统筹布设于流域中各子汇水分区中的滞留措施，可使各分区径流的出流时间相异，在流域层面起到错峰、削减峰值流量的双重效果，对于降低区域洪涝灾害具有明显作用。

滞留设施应用范围广，对场地条件要求较低，既可以是人工硬化场地，也可以是透水的生态绿地，仅需具有一定蓄滞空间供径流暂时存放即可。但需要注意的是，为避免径流停滞时间过长，产生水质恶化、蚊虫滋生等问题，建议滞留设施内水体在 24 小时内排空。典型措施可设调节塘和调节池。前者多以干塘形式呈现，雨季和旱时景观效果各异，无水时可与多种观景游憩功能相结合（见图 2-3-5）；后者，常年有水，设计水位与常水位之间即为滞留空间（见图 2-3-6）。此外，绿色屋顶则从建筑屋面产流的源头滞留并吸收雨水，可有效减少在城市产流总量中占有较大比重的屋面径流和径流污染负荷，具有节能减排的作用，但该措施对屋顶荷载、防水、坡度以及空间条件等均有严格要求，建设和维护成本较高。

除此之外，选用具有较高糙率的材料作为水流接触面，亦可在一定程度上降低径流汇集速度。例如，将沟渠两岸的混凝土护砌改为自然植草或堆石的护岸形式，将广场上光滑的大理石铺面改为毛石等。延长水流汇集路径，也可起到“滞”的作用。该方式与景观设计相结合，可呈现出富有趣味的景观效果（见图 2-3-7）。

图 2-3-5 调节塘的景观效果

图 2-3-6 调节池的景观效果

图 2-3-7 延长径流汇集路径，起到“滞”的作用

2.3.3.3 “蓄”

在产汇流过程的源头或根据实际情况在水文循环系统的末端，将产生的雨水径流集中收集并储存起来，可同时兼顾削减峰值流量和错峰的功能。

“蓄”水的方式和措施多样。按照蓄水措施所处水文循环过程的位置不同，可分为源头小型的蓄水措施和末端大尺度的蓄水措施。具体而言，前者以下沉式绿地（见图2-3-8）、雨水花园、湿塘（见图2-3-9）等为典型措施，多应用于建筑、道路、广场、公园绿地中。由于位于源头的蓄水措施服务的汇水区面积有限，故措施规模较小。前文提到的渗透塘、生物滞留池等因都具有一定储水空间，在发挥渗、滞作用的同时可兼顾“蓄”水功效。末端大尺度的蓄水措施以大型湖泊、淀塘湿地为主，服务范围较大，能够在城区乃至整个流域范围内发挥重要的防洪减灾作用。另外，由于它们一般多是长时期自然演变形成的，生态环境较好，动植物多样性相对丰富，因而具有较为突出的审美游憩功能（见图2-3-10）。而按照措施所处竖向空间位置不同，“蓄”又可分为地上蓄水措施和地下蓄水措施。受城市土地开发建设强度影响，为节约用地，“蓄”水也常采用地下集水桶/箱等方式，它们可用塑料、玻璃钢或金属等材料制成，多适用于单体建筑屋面雨水资源的收集再利用（见图2-3-11）。按照景观表达形式不同，蓄水措施又可进一步分为常年有水的湿塘、景观水池、人工湖等，以及间歇性有水的储水措施。前者一般包括常水位以下的永久储水容积和常水位与设计水位之间的调蓄容积。调蓄容积应根据所在区域的雨洪管理目标确定。

图2-3-8 下沉式绿地蓄水

图2-3-9 居住区湿塘蓄水

图2-3-10 微山湖（淮河流域泗河水系）

图2-3-11 地下蓄水箱

2.3.3.4 “净”

海绵城市强调借助自然之力净化水体、改善水质的能力。“净”以有效降低产汇流过程中产生的面源污染为核心目标。按照水体净化的原理不同，“净”可分为物理净化、生物净化和化学净化。

物理净化是指通过物理作用分离、回收水体中不溶解的呈漂浮或悬浮状态的污染物，常见的有重力分离法和筛滤截留法。前者的作用机理是：通过降低水体流速，促使可沉性固体经沉降逐渐沉至水底形成污泥。典型的处理措施有沉砂池、沉淀池等（见图 2-3-12）。这类措施建议布设于下凹绿地、湿塘、湿地等上游，作为前置塘，起到沉淀雨水径流中大颗粒污染物的预处理作用。池底一般为混凝土或块石结构，便于清淤。筛滤截留法有栅筛截留和过滤截留两种处理方式。植草沟中的砾石堆（见图 2-3-13）就是一种最为简单的栅筛截留措施，水体中的污染物可以得到初步稀释自净，从而为进一步的生物净化提供条件。过滤截留则指水体通过砂滤池 / 罐、超滤膜等，使得胶体、泥沙、大分子有机物以及细菌等都被截留下来，从而达到净化水体的目标。收集雨水径流转作灌溉用水、中水时，则需使用过滤截留措施，以保证水体达到二次利用的水质标准。

生物净化是环境自净的重要过程之一，指经生物的吸收、降解作用使水体中的污染物消失或浓度降低的过程。其作用机理是：需氧微生物在溶解氧存在时将水体中有机污染物氧化分解为简单稳定的无机物（CO_2、H_2O、硝酸盐、磷酸盐等）；厌氧微生物在缺氧时进行分解，把水体中有机污染物分解为 H_2S、CH_4 等；水生植物的净化作用则利用根系吸收水体中的有机物、重金属以及氮、磷等。人工湿地便是以水生植物为媒介进行水体生物净化的典型雨洪管理措施之一，其以亲水植物为表面绿化物，以砂石土壤为填料，通过植物根茎基部的生物膜完成生物净化（见图 2-3-14）。同时，生物净化措施还能够在自然、郊野景观环境塑造以及动植物多样性丰富等方面具有明显优势，在社区、公园以及广场设计中均有较好的应用范例（见图 2-3-15 和图 2-3-16）。生物净化过程能够通过水体中的生物群落结构及溶解氧的变化反映水体生物净化的进程，因此该净化方法便于进行时时监测，以为净水措施的后期运营管理提供重要参考。

化学净化指通过化学反应和传质作用来分离、去除水体中呈溶解、胶体状态的污染物。在化学处理方法中，有以投加药剂产生化学反应（如中和、氧化还原等）为基础的净化措施，也有以传质作用（如吸附、离子交换等）为基础的处理措施。化学净化措施一方面具有使水体水质达到较高标准的优势，但另一方面也存在化学污染等安全隐患，因此为便于专业人员进行集中、科学、安全的管理，多用于面向城市供水系统的水质净化环节，例如污水厂、自来水厂等。

净水措施与“渗”“蓄”措施相结合，可避免未净化的雨水径流可能产生的污染问题，而与“用”水系统相衔接，则可将雨水用作其他生活杂用水，有效提高雨水资源的利用率，缓解城市缺水问题。

图 2-3-12 多级沉淀池

图 2-3-13 植草沟中的砾石堆

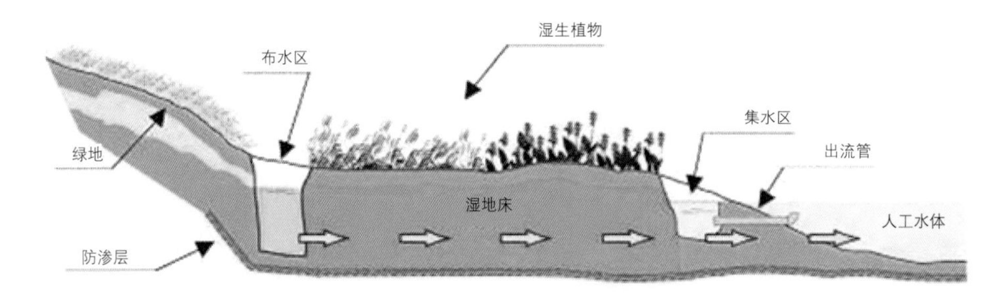

图 2-3-14 潜流人工湿地模式

图 2-3-15 道路中的生物净化措施

图 2-3-16 居住区中的生物净化措施

2.3.3.5 “用”

当前，我国正处于经济高速发展时期，加之人口的增长以及城镇化的迅速扩张，我国水资源利用量已经基本逼近水资源的可供给量。全国 662 个城市中，400 个城市常年供水不足，其中有 110 个城市严重缺水，日缺水量达 1 600 万 m^3，年缺水量 60 亿 m^3。而且，按照现有的用水模式和城镇化进程，预计到 2020 年，我国人均水资源量只有 1 700 m^3，在国际标准的警戒线以下。水资源紧缺问题亟须得到妥善解决，时代呼唤新的用水理念与科技。

事实上，水不仅是可以再生、循环利用的自然资源，水的循环更是一个开放的系统，其包括自然水文循环和人工水文循环系统。自然水文循环系统是指由降水、蒸发、土壤下渗、地下水补给、坡面汇流、河川径流等为主导的循环系统；人工水文循环系统多存在于城镇中，主要指由供水管网和排水管网构成的以人工为主导的水文系统。人工系统利用自然系统中的地表和地下径流满足生活与生产活动之需，并将使用后的水排放到自然水体中，使得自然水循环与人工水循环系统密切交织在一起，两者相互依存，彼此作用（见图 2-3-17 和图 2-3-18）。但是我国传统的城镇水资源管理模式以向自然系统的单向索取为主要特征，即对于自然水循环产生的地表径流和人工水循环产生的废水均一“排”了之，将雨水径流和污水视为一种负担，而不将其作为一种资源进行利用。

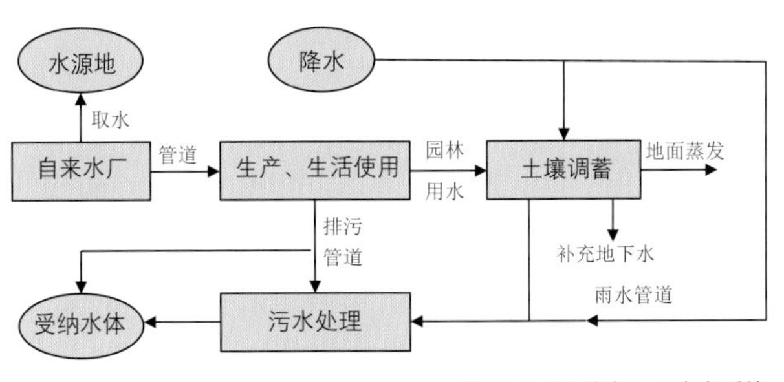

图 2-3-17 城市人工水文系统

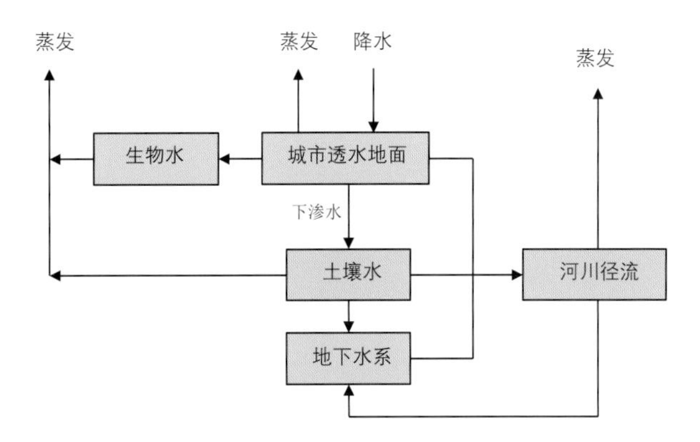

图 2-3-18 城市自然水文系统

针对上述城市水循环的特征和问题，海绵城市建设技术要素中的“用”，以从产流源头提高地表雨水径流资源利用效率为核心目标，将蓄积起来的雨水资源经净化处理，用于城市生产、生活以及生态建设等方面，以期通过加强人工与自然水循环系统间的联系，提高水资源利用率。例如，收集建筑屋顶产生的雨水径流（见图 2-3-19），经过预处理、储存、加压和输水，可为建筑使用者提供中水，可用于建筑内、外部饰面的冲洗、洗手间冲水以及建筑外场地的绿化灌溉。收集雨水提供景观造景用水也较为普遍，且形式多样，例如收集广场径流作为叠水、喷泉景观水源等。需要指出的是，对于收集净化后拟进行再利用的雨水，建议进行水质监测，以保障水源符合用水的水质要求。

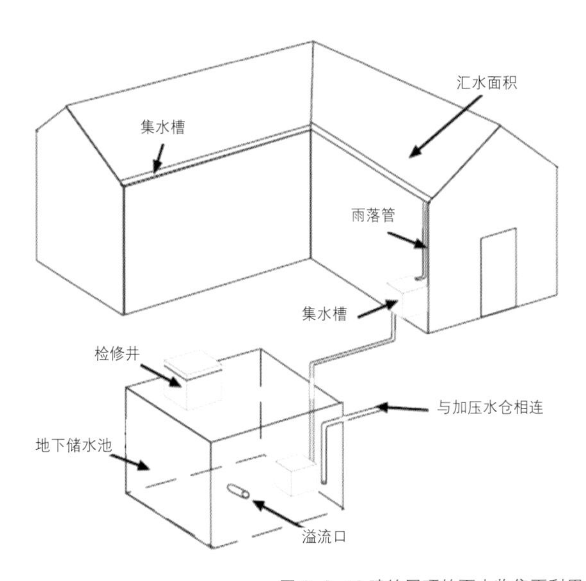

图 2-3-19 建筑屋顶的雨水收集再利用
（来源：根据 Rupp, 1998 改绘并翻译）

2.3.3.6 “排”

海绵城市概念所承载的“弹性”内涵，在借鉴国际倡导的低影响开发理论的基础上，也非常注重绿色雨水管理基础设施与灰色基础设施如城市雨水排放管渠、超标雨水径流排放系统的结合，以保障城市对于不同强度降雨均具有适度的管理反应机制。面对强降雨甚至超强降雨的情况，面对城市地下水位高、下渗能力有限的情况，海绵城市系统具备适宜的洪涝排泄能力。

20 世纪后期，在城市排水和洪涝防治体系中，大、小排水系统的概念日益受到业界的推崇。在一些西方国家，将排水系统中传统的管道排水系统称为小排水系统（minor system），一般包括雨水管渠、调节池、排水泵站等传统设施，主要担负重现期为 1 ～ 10 年范围降雨的安全排放。值得注意的是，近年来低影响开发措施正越来越多地与小排水系统相结合，在减少工程量的同时，增加生态效益。

大排水系统（major system）由地表通道、地下大型排放设施、地面的安全泛洪区域和调蓄设施等组成，是为应对超过小排水系统设计标准的超标暴雨或极端天气特大暴雨而设计的一套蓄排系统。大排水系统通常由“蓄”“排”两部分组成。其中“排”主要指具备排水功能的特定道路或开放沟渠等地表径流通道；“蓄”则主要指大型调蓄池、深层调蓄隧道以及特定天然水体等调蓄设施。在我国，2013 年广州东濠涌进行了深层调蓄隧道试验段的建设（见图 2-3-20），即建深隧储水，待洪峰过后再将水经由管道送往下游。

需要指出的是，无论是大排水系统还是小排水系统，乃至易于与景观规划设计相结合的砾石沟、植草沟、天然河道等绿色排水设施（见图 2-3-21 和图 2-3-22），均以“排”“泻”雨水径流为主要功能，因应对的降雨强度不同而在构造设计、材料选择、结构标准等方面表现出不同。

图 2-3-20 广州东濠涌深层调蓄隧道

图 2-3-21 排水砾石沟

图 2-3-22 排水植草沟

2.3.2 海绵城市建设技术措施

海绵城市的建设实施可通过多种技术措施实现，但最基本的单元是常见的低影响开发措施，包括透水铺装、绿色屋顶、下沉式绿地、生物滞留设施、渗透塘、雨水湿地、储水池、植物缓冲带、初期雨水弃流设施、人工土壤渗滤等。规划设计者应针对特定的雨洪管理需求和场地环境条件选择适宜措施，这直接关系方案的成功与否。必要情况下，可根据实际情况构建多种措施的组合体，在达到预期雨洪管理目标的同时构建起点、线、面相融合的水景观系统。

需要指出的是低影响开发单项措施往往具有多个功能，如生物滞留池的功能除渗透补充地下水外，还可削减峰值流量、净化雨水，实现径流总量、径流峰值和径流污染控制等多重目标。因此，明确各措施功效并灵活运用是海绵城市构建的关键之一。这里主要介绍生物滞留池（Bio-retention）、渗透沟（Infiltration trench）、集水箱（雨水罐 Cistern system）、植草沟（Grass swales）、透水铺装（Porous pavement）以及净水湿地(Stormwater Wetlands)这六种代表性设施(见图2-3-23)。

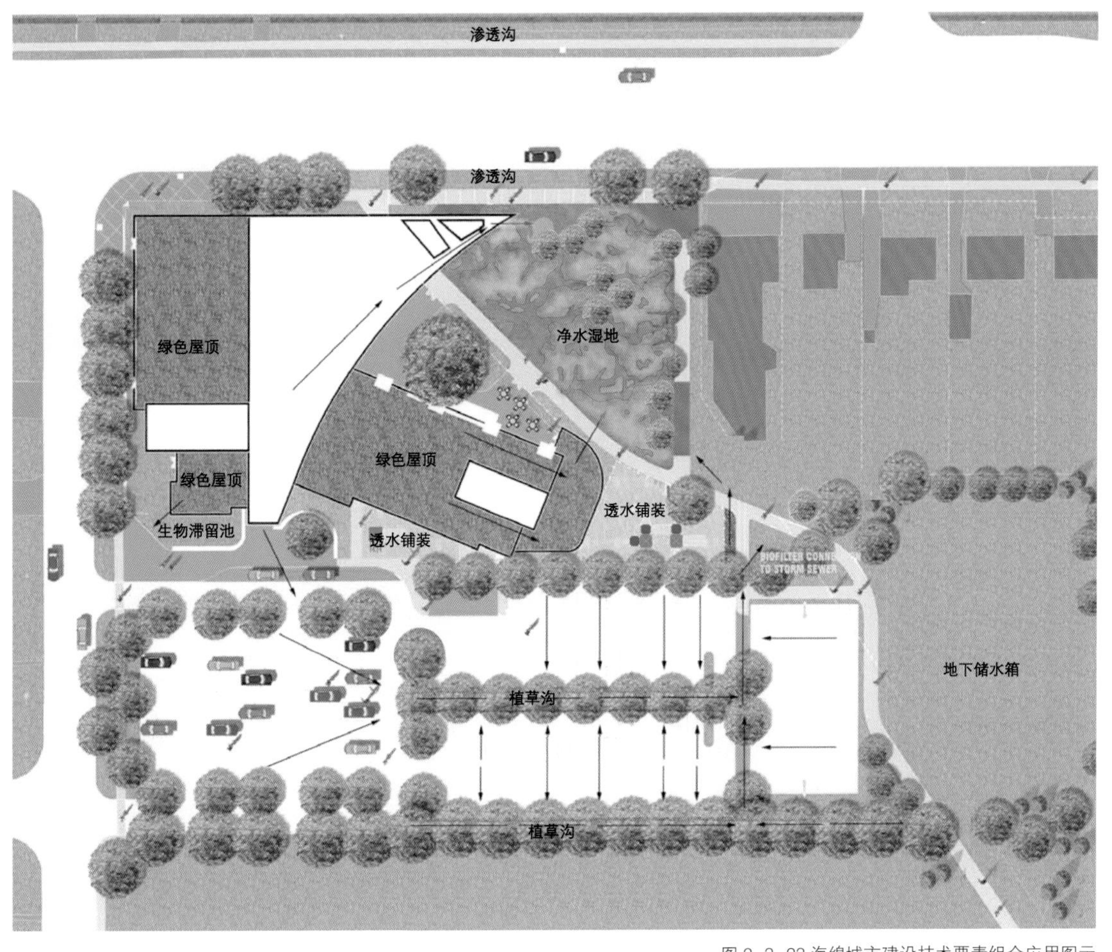

图 2-3-23 海绵城市建设技术要素组合应用图示
（来源：作者根据*Low Impact Development Stormwater Management Planning and Design Guide*修改）

2.3.2.1 生物滞留池

1. 效能分析

生物滞留池是一种雨水过滤渗透设施。在地势较低的区域内，通过土壤、植被以及微生物系统蓄渗、净化雨水径流。生物滞留池有简易型，也有复杂型，既可以是完全渗透型，也可以是半渗透型或只过滤不渗透型。按照应用位置的不同又可称作雨水花园、生态滞蓄池、高位植台、生态树池等。

生物滞留池不仅具有雨洪管理功能和良好的径流控制效果，而且在景观塑造方面也具有诸多优势，其形式多样，适用范围广，建造与维护费用低，规模大小灵活，生态和景观效益明显，具体表现在以下几个方面。

1）储存雨水径流，补充地下水资源

生物滞留池利用植物、土壤促进净化后的雨水径流下渗，回补地下水，既降低了峰值流量，又可降低径流回补对地下水造成污染的风险。

2）净化水体

生物滞留池中的植物、土壤以及微生物经过植物根系吸附、土壤砾石吸附、微生物降解等作用，可有效去除径流中的悬浮颗粒、磷、氮、重金属离子、油脂、病原体等物质，可在很大程度上缓解地表径流造成的非点源污染。污染物去除率可见表 2-3-1。

3）缓解城市热岛效应

生物滞留池可通过改变城市下垫面的透水性，促进对太阳辐射的吸收作用，并可利用植物的蒸腾作用削弱环境热量，从而降低周边环境的温度，提高城市居住环境的舒适性。据实验，在夏季高温时段，生物滞留池形成的绿色下垫面相比于城市中裸露的硬质地表铺装，地表温度可降低 4℃左右。

4）保护生物多样性

生物滞留池通过创造水、绿空间，丰富城市微环境，为各类动物、昆虫等提供良好的栖息空间，有助于动物、昆虫的繁殖和迁徙。

5）提升环境景观性，成为新型交往空间

生物滞留池设计结合场地特性，通过竖向设计、绿化设计、材质设计美化环境，提升城市舒适度，在喧嚣的城市中营造出景色独特而又自然亲切的活动场地和交往空间（见图 2-3-24）。

表 2-3-1 生物滞留池污染物去除率

指标	去除率
TSS（总悬浮物含量）	80%
TP（总磷）	60%
TN（总氮）	50%
重金属	45% ～ 95%
病原体	70% ～ 100%

图2-3-24 生物滞留池实景

2. 设计要点

《海绵城市建设技术指南》中提供的简易型和复杂型生物滞留设施的典型构造见图 2-3-25。复杂型生物滞留池的典型构造自地表向下分别是蓄水层（包括植被覆盖层和表层覆土层）、换土层（或称滤层、人工填料层）、隔离层（透水土工布或 100 mm 砂层）和地下砾石储水层。蓄水层 200 ～ 300 mm 深，其中植被覆盖层主要种植耐淹性植物，可根据土壤的渗透性以及植物根系情况来确定表层覆土层的深度。在实践中，覆土层深度一般为 50 ～ 100 mm。根据《海绵城市建设技术指南》，还应设置 100 mm 的超高；种植土层提供调蓄空间和养分供植物吸收。土壤选择应符合种植植被的需求，一般情况下可以选择渗透系数较大的砂质土壤；人工填料层以水质净化为主要目标，应根据雨水径流中的目标污染物选择渗透性较强的人工净化材料，填充厚度一般在 0.5 m 至 1.2 m 之间。施工中，为了防止土壤颗粒随径流下渗导致填料堵塞，一般在人工填料层与地下储水层之间布设透水性能较好的土工布隔离，或以厚度为 100 mm 左右的细砂或粗砂代替，形成隔离层；位于生物滞留池最底部的地下储水层，一般由粒径不超过 50 mm 的砾石填充，厚度为 250 ～ 300 mm。砾石层中应预先埋置管径为 100 ～ 150 mm 的穿孔排水管，遇强降水时收集流入管道中的过量径流，将其排入市政排水管网或者其他储蓄设施中。

在生物滞留池的上游建议设置预处理设施，如沉淀前池、植物或卵石缓冲带等。这样可以避免大颗粒固体悬浮物或其他杂物堵滞渗透池，在建设密集的城区，受用地限制，生物滞留池边坡采用硬质垂直边缘。而在场地开发密度低的地区，生物滞留池适宜设计成无边缘、缓坡形式，利用边坡对水源进行初步的过滤净化，省掉预处理设施。

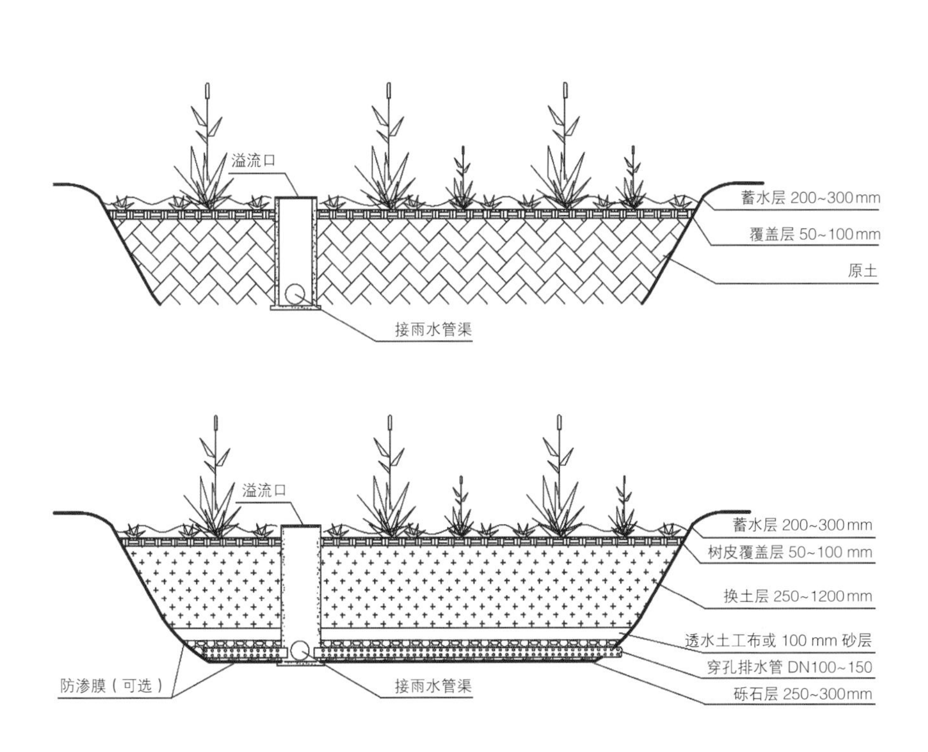

图2-3-25 简易型（上）与复杂型（下）生物滞留设施典型构造示意图
（来源：《海绵城市建设技术指南》）

3. 应用案例

以澳大利亚爱丁堡雨水花园为例，爱丁堡雨水花园位于澳大利亚墨尔本市一街道转弯处，由数个生物滞留池串联组成。据统计该花园每年可吸收 16 000 kg 的固体悬浮物；利用植物吸收 160 kg 的钠、氮等元素。

爱丁堡雨水花园不仅实现了 20 万 L 的地下水补充量，而且可向公园提供年灌溉总需水量的 60%，极大地提高了雨水资源的利用效率。爱丁堡雨水花园改变了道路绿化的传统形式，提升了场地的景观效果，为周围居民营造出一个令人轻松愉快的休闲场所（见图 2-3-26）。

图2-3-26 澳大利亚爱丁堡雨水花园实景图

2.3.2.2 植草沟

1. 效能分析

植草沟是指种有植被的地表沟渠，可收集、输送和排放雨水径流，并通过植物根系的生物过滤处理以及土壤颗粒的物理过滤处理，产生一定的雨水净化作用，从而去除径流中大部分大颗粒悬浮物和一部分溶解态污染物。植草沟作为带状的雨水传输系统可用于不同 LID 措施以及 LID 措施与城市市政排水系统的衔接。其类型还包括传输型植草沟、渗透型的干式植草沟及常有水的湿式植草沟。传输型植草沟主要起到径流的引导和传输作用，将径流传输到指定水体市政排水系统中。干式植草沟为提高渗透能力，避免未净化雨水对地下水的污染，其底部多设有人工填料层和砾石层，并埋有多孔 PVC 管。湿式植草沟原理与湿地系统相近，沟渠内部的土壤和植物需长期保持潮湿状态。植草沟的主要作用如下。

1）减缓雨水径流汇集速度，错峰效果明显

植草沟内种植有植被，其糙率明显大于人工管渠，曼宁系数在 0.2 ～ 0.3 为宜，可有效减缓雨水径流的汇集速度，达到错峰效果。

2）净化雨水径流，增加渗透

植草沟在输送雨水的同时，利用植物根系、土壤对径流进行净化、吸收，增加地下水补给，对径流峰值的降低有一定作用。

3）与城市景观结合，完善城市生态系统，提供重要的绿色通道

植草沟在布局和设计方面都很灵活，能适应各种场地条件，特别适合于面积较小、坡度平缓的排水区。植草沟易于与城市各种公共活动空间相结合，常见于街道沿线和建筑旁，水绿结合极大地提高了城市绿地的景观效果（见图 2-3-27）。它虽是城市生态系统中一个非常小的环节，但功效如毛细血管一般重要，不仅对水，而且对于其他自然资源、能量的输移，生物的迁徙都是难得的绿色通道。

在植草沟的布置上需要注意：规划设计中，考虑工程造价，植草沟的布局走线应注重与场地自然地形的结合，并尽量避免对沟两侧坡岸的冲刷侵蚀。植草沟应与其他设施协调布置，实现不同设施间的合理衔接；植草沟应与场地内部环境相协调，充分发挥其景观作用。

在植物配置方面，首先应选择适应当地环境和气候的本土草本植物，沟内植被不宜过高，一般控制在 100 ～ 200 mm 之间；第二，选择耐潮湿、耐水性的湿生植物；第三，选择抗逆性强的植物；第四，选择景观效果较好的植物。植草沟内植物在满足一定功能的前提下，应最大程度地达到视觉上的美化，根据不同季节植物的季相性变化合理搭配，更好地提升景观效果。

图2-3-27 植草沟意象图

2. 设计要点

植草沟常见的断面形式为抛物线形和梯形。边坡坡度和纵坡是影响植草沟功效的两个重要参数，因其决定着雨水径流在沟内的流速，而对渗透、传输过程产生直接影响（见图 2-3-28）。长安大学的试验研究表明，植草沟的纵向坡度取值范围以 0.3% ～ 2% 为宜，不应大于 4%。当纵坡小于 0.3% 时，由于排水不畅则存在沟中水体溢流隐患。沟两侧边坡的坡度取值范围以 1/4 ～ 1/3 为宜（垂直：水平），另外，为了防止径流对于沟内植被、土壤的冲蚀，植草沟内最大水流流速应小于 0.8m/s，曼宁系数以 0.2 ～ 0.3 为宜。植草沟宽度应根据所在汇水区面积大小及目标降水的频率确定，深度一般不超过 0.6m。植草沟的平面规划和高程设计一方面应尽可能地与场地的自然地形相结合，另一方面还应注重与其他设施布局关系的协调性，保证不同雨水管理系统之间的合理衔接。

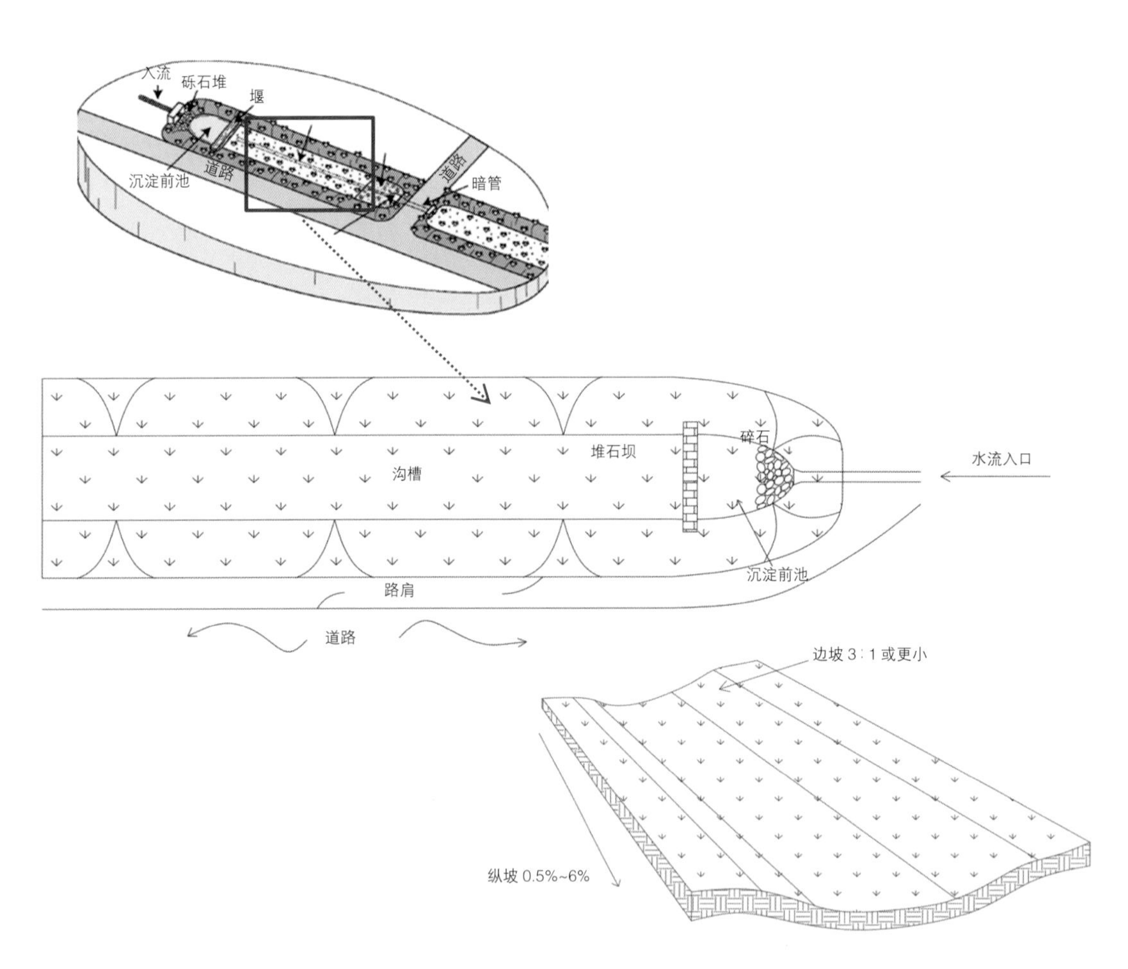

图2-3-28 植草沟结构做法图

3. 应用案例

以波特兰NE Siskiyou“绿色街道”为例，见图2-3-29。

波特兰 NE Siskiyou 街道景观规划设计通过对道路绿化带的巧妙设计，实现了该街道近自然方式的雨洪管控，于 2007 年荣获美国景观设计师协会综合设计奖。

由路缘石围合的道路绿化带约 2 m 宽，15 m 长，下凹 15 cm。沿路缘石等间距设计有 4 个 45 cm 宽的豁口。雨水径流可沿道路坡向向两侧植草沟汇集，经豁口进入沟内，在沟内土壤、砾石、植物的共同作用下进行净化和渗透，达到雨洪管理目的。

植草沟上游设有截水坝，作为前池，对汇入雨水进行预沉淀处理，短时截留雨水，发挥错峰作用。当前池水深达到约 18 cm 时，水流溢至沟内，形成跌水景观。草沟下游留有同样尺寸的豁口，以备强降雨情况下，水流可以从沟末部流出，汇入城市街道的市政雨水排放系统。

波特兰 NE Siskiyou 绿色街道，植草沟总面积虽仅为约 55 m²，却通过竖向、构造以及植物的创新设计，成为雨洪管理型街道景观的代表。

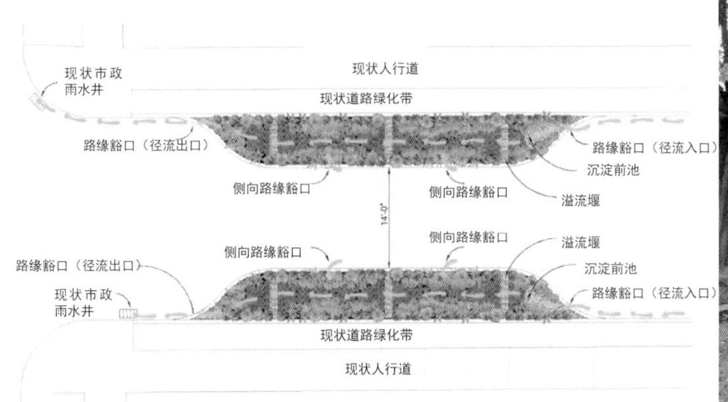

图2-3-29 波特兰NE Siskiyou绿色街道平面图与实景

2.3.2.3 渗透沟

1. 效能分析

渗透沟多掩于植物绿化带之下，利用填充层对汇入雨水进行净化处理，并鼓励其入渗地下，具有明显的截污、回补地下水的作用（见图 2-3-30）。渗透沟为带状，多沿路布设，虽与植草沟在形式上相近，但两者的功能存在明显不同。植草沟以“排”“输”为主要功能，而渗透沟埋于地下的砾石填充层，水质净化作用明显，利于净化后雨水径流回补地下水。渗透沟的作用主要包括以下方面。

（1）增加地下水回补量。

（2）延长产汇流时间，削减峰值流量。渗透沟实践研究表明，渗透沟的设置可以减少平均洪峰流量的 87%。

（3）净化雨水，防止地下水污染。

2. 设计要点

渗透沟虽埋于地下，但其与传统的雨水管网不同，沟内的雨水径流既可得到填充层的过滤净化，也可在沟内汇聚、流动的过程中下渗进入土壤。渗透沟的主要构造为填充层和多孔管道。填充层由透水土工布包裹，填料以粗砂石或者砾石为主，兼顾净水透水双重功能。多孔管道铺设于填充层内部，一般采用 PVC 穿孔管或无砂混凝土管（见图 2-3-31）。遇超过设计标准的降雨时，多孔管可收集过量径流导向市政排水系统。渗透沟设计的主要构造参数包括断面尺寸、平面位置、坡度、长度，其与场地内现有雨水管网系统的连接方式也是设计中的重要内容之一。

设计需要注意以下几点：①建议在渗透沟上游设置沉淀池等预处理设施，以去除大颗粒污染物，防止地下填充层堵塞；②渗透沟内渗透管的开孔率应在 1% ～ 3%，对于无砂混凝土管，其孔隙率应大于 20%；③渗透沟的纵向坡度应满足排水需求；④渗透沟内部填充的砾石或者其他多孔材料外部应包裹透水土工布，土工布接口处衔接的宽度不应小于 200mm；⑤渗透沟多铺设于人行道或者车行路下，铺设在车行路下时，上层覆土深度应大于等于 700mm。

图 2-3-30 渗透沟功能示意图

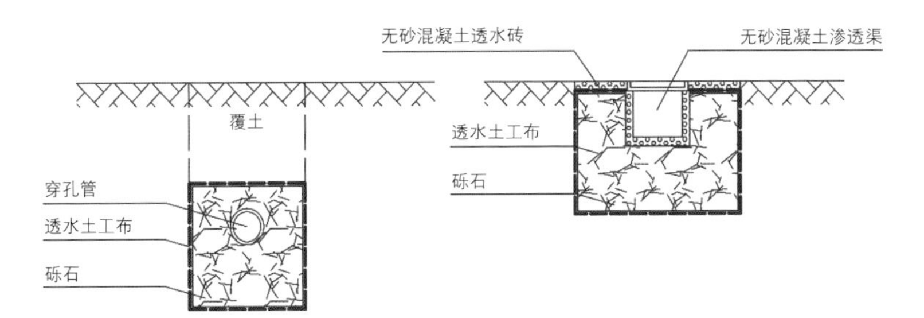

图 2-3-31 渗透沟构造图
（来源：《海绵城市建设技术指南》）

3. 应用案例

以英国喀麦登威尔士植物园为例。喀麦登威尔士植物园地理位置优越，疏林草甸和丰富的野生动植物为公园奠定了良好的自然条件。在此基础上，公园的规划设计一方面注重保存和延续这片土地上的自然资源和遗产，另一方面着眼于游人活动内容的丰富。园内一条蜿蜒的渗透沟，串联园内不同主题展区。渗透沟内的块砖、碎石在植物园大面积绿地中既鲜明又融合，成为一条景观带。而雨后，集有雨水的渗透沟则成为孩子们活动嬉戏的场地，见图 2-3-32。

图 2-3-32 喀麦登威尔士植物园渗透沟

2.3.2.4 透水铺装

1. 效能分析

透水铺装按照面层材料的不同，可分为透水砖铺装、透水混凝土铺装和透水沥青混凝土铺装、嵌草砖等，园林铺装中的鹅卵石、碎石铺装等也属于透水铺装，见图 2-3-33。透水铺装地面的构造主要包括透水面层、找平层、垫层和土基层等部分。透水面层可以使用透水材料，也可以是有透水孔的不透水材料铺装层。垫层一般以透水混凝土、粗砂或碎石为主要材料。雨水径流在透水路面不同层间缓慢下渗的过程中，可以去除污染杂质，得到有效的过滤和净化。

透水铺装受强度限制，适宜在交通量不大的区域使用，如人行道、停车场、广场、园林小路等，其作用主要如下。

（1）减少城市降雨产生的大量道路径流，具有一定削减峰值流量的作用。

（2）下渗作用可以净化水质，减少径流对于自然水体的污染。

（3）补充地下水资源，促进生态水循环，改善城市土壤。

（4）调节城市微气候，增加城市湿度，吸收尘土，防止沙尘天气。

（5）有效吸收城市道路噪声，减少城市噪声污染，提高交通安全性。

2. 设计要点

在材料选择方面，建议选取松散的聚合材料，如石屑或者砾石等。当透水铺装需要满足一定强度的车行荷载要求时，模块形式（或者网格状的铺装形式）可有效提高铺装面的坚固程度。例如常见于停车场的嵌草砖铺装，一般有两种常用类型：一类采用混凝土面砖空心纹路留出植草空隙；另一类利用普通铺装块材如石材、水泥砖等，通过块材间留缝植草。

单元铺装块材之间接缝的处理是影响铺装透水效能的关键。传统硬质不透水铺装的接缝采用水泥砂浆填充，导致雨水不能从地表下渗。透水铺装则强调单元块材间缝隙的透水性，缝隙的填充材料以透水材料细砂为主，以增强地面的下渗能力。目前，铺装设计多采用硬质铺装与荔枝面钉石相结合的形式。若在构造做法中明确要求钉石之间留出相对较大的缝隙，则既可达到良好的景观效果，亦能使硬质地面具有透水性，减少雨水径流的产生量。

与不透水铺装使用的水泥砂浆或混凝土垫层不同，为实现地表径流的下渗，其基础层也常应用透水的砂石或者碎石垫层。对于承重荷载要求不太高的路面，如公园中的小径等，可以直接将透水材料铺设在素土夯实的表面上，这样亦有利于周边植物根系的生长。

此外，透水铺装的构造设计还应注意以下两点。

（1）当场地对于承重荷载有较高要求时，可采用半透水结构进行铺设。

（2）当所铺设场地现状土壤的透水能力有限时，可以在透水铺装的透水基层内部设置排水管道或者排水板。为防止基层积水过多，影响地基稳定性，其构造做法是设置 60 ～ 80㎜ 透水面，20 ～ 30㎜ 透水找平层，100 ～ 150㎜ 透水基层，150 ～ 200㎜ 透水底基层以及土基。在透水基层内部，可预置管径 50㎜ 的穿孔 PVC 管（如图 2-3-34）。

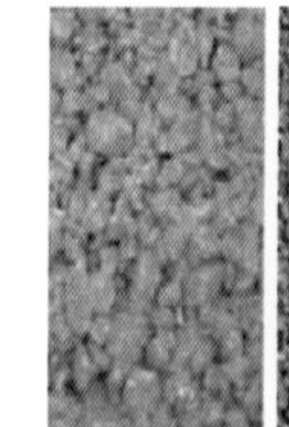

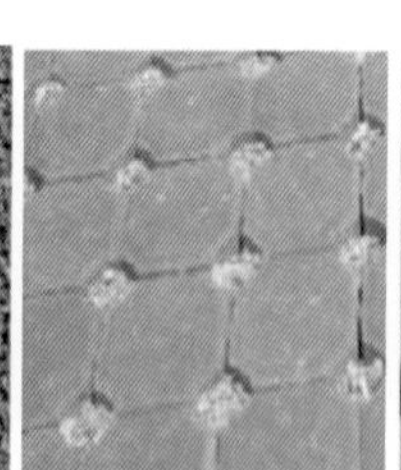
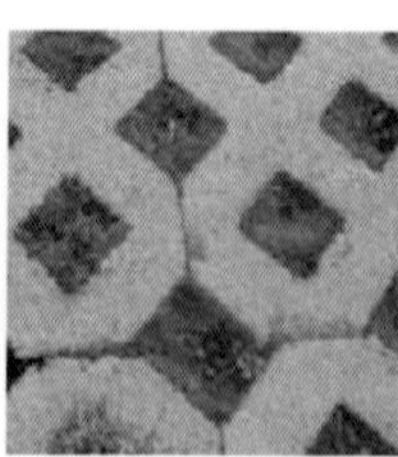
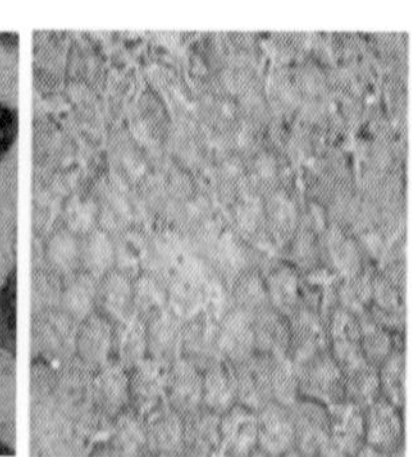

图 2-3-33 透水铺装式样

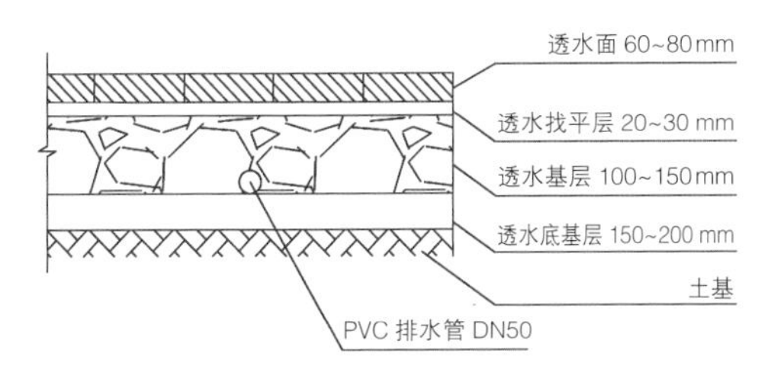

图 2-3-34 透水砖铺装典型结构示意图
（源自：《海绵城市建设技术指南》）

3. 应用案例

以中国上海陆家嘴金融城为例。

上海陆家嘴金融商贸区建设密度高度集中，地面硬质率高。区域内自世纪大道至百步街路段的人行道均进行了透水铺装的改造，以解决此路段常年受降雨影响造成的积水问题。透水铺装通过拼接方式的变化、颜色的搭配，使步行道路的通行空间富于景观变化，见图 2-3-35。

图 2-3-35 陆家嘴金融城人行道透水铺装

2.3.2.5 集水箱

1. 效能分析

集水箱也可称作雨水罐或者雨水桶，是与建筑的落水管相连收集雨水的容器，可以安置在地表建筑旁或设置于地下。地下集水箱可以储存和收集与容器体积相等的雨水，并对其进行二次利用。集水箱的材料多为木、玻璃、金属或者塑料，经过加工改造，造型美观，便于安装维护，造价也相对低廉，适宜结合建筑庭院进行设置（见图2-3-36）。

集水箱储蓄水的能力相当可观，在不考虑损失条件下，屋顶面积达 100 m² 的建筑，若在其四角分别配置一个容量为250L的集水箱，可以实现对屋顶1cm降水量的全部收集。这相当于一场中雨的降水量。集水箱中收集的雨水可以用于植物灌溉，或者经初步净化后作为非饮用水源加以利用。

2. 设计要点

近年来，集水箱多置于地下车库内。具体做法是将一个桶型集水设施置于地下车库内，或将一个停车位密封起来，构成一个封闭的储水空间（见图2-3-37）。集水箱与建筑雨落管相连，并在适宜高度上设置出水阀门或水龙头。收集到的雨水可以经过自然沉淀或者初步净化后作为汽车清洗、消防等备用水源。

3. 应用案例

以德国柏林 Joachim-Ringelnatz-Sielung 居住区为例。

在德国柏林Joachim-Ringelnatz-Sielung居住区内，每一座住宅的雨落管末端均与一个简单的电镀金属集水箱相连（图2-3-38），以方便房屋主人收集利用屋顶的雨水径流。当遇强降雨时，集水箱蓄满后，过量的雨水将会从桶中溢流出来，汇入园中花岗石砌护的水沟中，水沟最终接入社区中心花园。花岗岩水沟对于整个居住区来说是一道很美的景观（见图2-3-39），也是孩子们嬉戏的天堂，无论是丰水期还是枯水期，绿地中交错的水沟对于居住区来说都具有很高的景观价值。

图 2-3-36 不同的集水装置

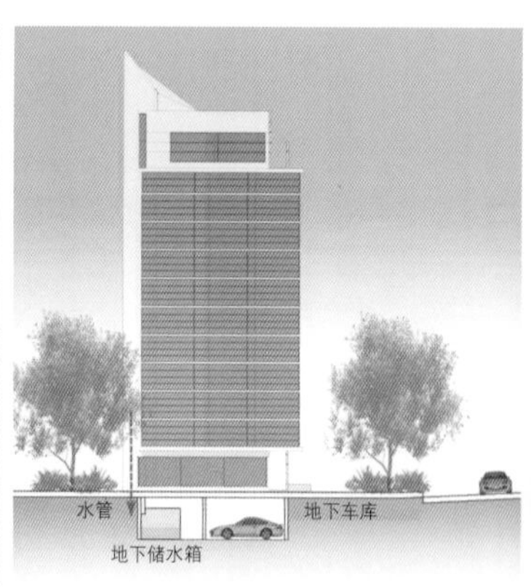

图 2-3-37 地下储水箱示意图

图 2-3-38 住宅的集水桶

图 2-3-39 花岗岩水沟

2.3.2.6 净水湿地

1. 效能分析

净水湿地指通过模拟天然湿地的结构与功能，利用水生植物、基质和微生物等构建湿地生态体系，通过过滤、吸附、沉淀、离子交换、植物吸收和微生物分解等物理、化学、生物作用，实现对雨水径流乃至富营养化水体的净化功能。其中，基质为水生植物的生长提供支撑载体，同时吸附、过滤水体中部分有机污染物；水生植物为湿地基质中附着生长的微生物提供氧气，同时通过底部根茎消耗大量有机污染物及无机物；微生物促进水体中同化作用、异化作用、氨化作用以及硝化与反硝化作用，起到降低水体浊度、去除污染物的作用。

由于净水湿地是一种高效的径流污染控制设施，建设及维护费用较高，因此与上述其他措施不同，该措施多布设于水文过程的终端环节，通过人工控制实现对大量径流的集中处理。根据目标水体规模和污染程度不同，净水湿地规模差异较大，占地从几十平方米到数十公顷，但以大规模类型居多，适用于具有一定空间条件的滨水带或城市绿地中，净水功能与休闲游憩功能结合可向市民提供自然生态的休憩环境，提升居住品质，对于缓解城市热岛效应、丰富动植物多样性亦有明显的作用。

2. 设计要点

净水湿地一般由进水口 / 渠、前置塘（或称配水池）、植物种植区、出水池、溢流出水口以及维护通道等构成。其中进水口和溢流出水口应设置碎石、消能坎等消能措施，防止水流冲刷和侵蚀。植物种植区水深一般为0.3～0.5 m，并根据不同水深种植不同类型的水生植物。植物种植区下的填料可采用砂砾石、矿渣、粉煤灰、钢渣、沸石、石灰石、高炉渣、活性多孔介质、页岩等。根据湿地种类的不同，上述结构的布局略有不同。根据湿地内水流方式的不同，净水湿地分为表面流型人工湿地、水平潜流型人工湿地以及复合垂直流型人工湿地。

1）表面流型人工湿地

人工湿地的水面位于湿地填料表面以上，水流呈推流式前进。污水从池体入口以一定速度缓慢流过湿地表面，出水由溢流堰留出，原理见图 2-3-40。

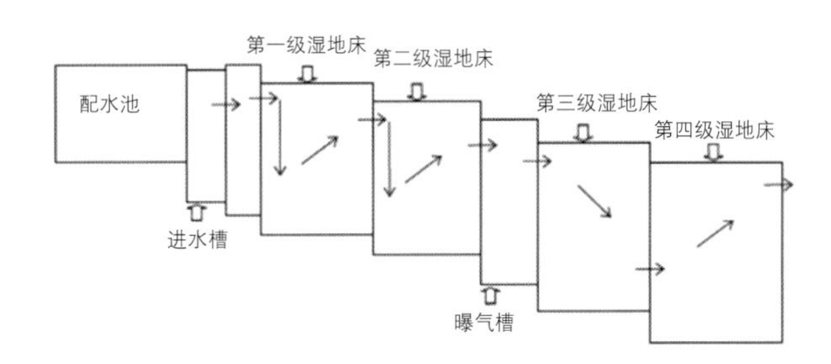

图 2-3-40 表面流型人工湿地的工作原理

2）水平潜流型人工湿地

此类人工湿地的水流从进口起在根系层中沿水平方向缓慢流动，出口处设集水装置和水位调节装置，原理见图 2-3-41。

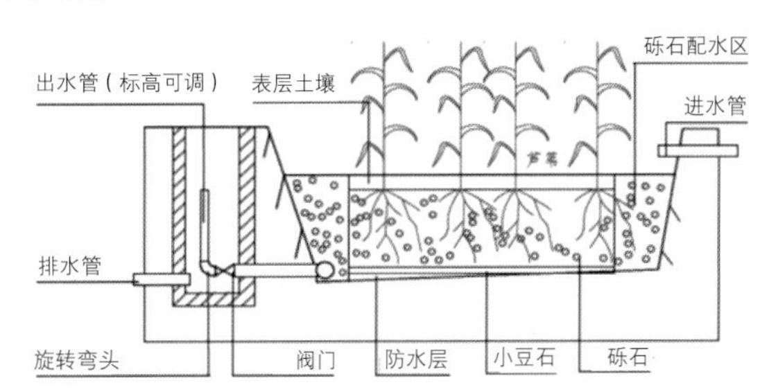

图 2-3-41 水平潜流型人工湿地的工作原理

3）复合垂直流型人工湿地

此类湿地由两个底部相连的池体组成，污水从一个池体垂直向下（向上）流入另一个池体中后垂直向上（向下）流出，如图 2-3-42 所示。

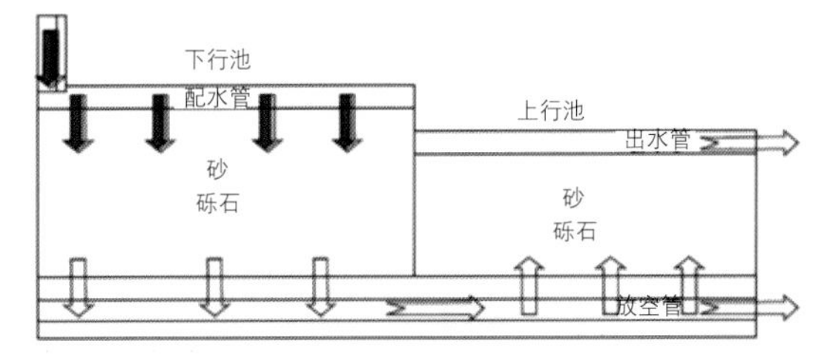

图 2-3-42 复合垂直流型人工湿地构造示意图

（注：图 2-3-40 ～图 2-3-42 来源于《人工湿地污水处理技术导则》）

3. 应用案例

以美国华盛顿州兰顿雨水湿地公园为例。

兰顿雨水湿地公园是雨水管理净化与景观娱乐功能相融合的典型代表。景观设计师洛纳·乔丹（Lorna Jordan）根据逐级递进的雨水管理目标将整个公园划分为“浑浊、改变、神秘、美丽和可持续”5 个功能区。雨水从传输、滞留、净化、渗透到释放再利用的完整管理流程分别在这 5 个功能区中的 5 个小型主题公园内，借由恰当的景观设计手法得以展现和强调，平面图见图 2-3-43。

第一个主题公园“丘”（The Knoll）位于公园入口，对应“浑浊”主题。在大面积石材铺装中，设计师规划设计了一条用生锈铁篦遮盖的曲折沟渠，引喻传统雨水管理方式简单用埋于地下的铁管传输径流的方式，沿线两侧矗立的玄武岩柱群引导游人视线沿雨水流动的方向看去（见图 2-3-44）。自然界对雨水的净化能力惊人且神秘，在主题公园“穴”（The Grotto）内，游人在游览途中可从数个人造洞穴内的小水池中看到逐渐清澈的雨水径流。人造洞穴设计结合跌水、喷泉以及座凳、花坛，形式多样，并以色彩斑斓的马赛克饰面，在略显神秘的气氛中讲述着径流的净化过程（见图 2-3-45）。“可持续”主题园将净化后的水体以自然、生态水池的方式集中呈现，其中布设有木栈道，为游人亲水、戏水提供机会。5 个主题区 5 个公园，在地形框架下，经由水体、植物群落的点缀以及游览路径的贯连，设计者勾勒出盛开花朵的形象，象征着生态措施净化、管理雨水的力量。

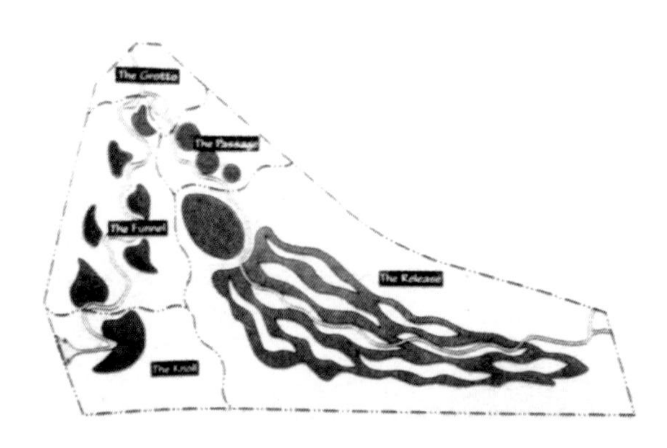

图 2-3-43 兰顿雨水湿地公园平面

图 2-3-44 柱群、铁篦、石材暗示传统的暴雨治理策略

图 2-3-45 马赛克饰面，水体隐约可见的“穴”

2.3.2.7 六种低影响开发措施特点比较

对六种典型低影响开发措施，即生物滞留池、植草沟、渗透沟、透水铺装、集水箱和净水湿地，进行与其功能、规模相关的影响因子分析，比较、明确各措施间的异同。

1. 生物滞留池

对于复杂型生物滞留池而言，滞留设施的效能、规模与规划场地土壤的渗透率、滞留池换土层（滤床）和砾石层的孔隙率、地表下凹深度以及目标滞留时长密切相关。滞留池地下部分最大总深度可通过下式进行计算：

$$d_{c\max}=i\times(t_s-d_p/i)/V_r \tag{1}$$

式中：$d_{c\max}$——滞留池地下部分最大总深度(mm)；i——场地原土土壤渗透率（mm/h）；V_r——滞留池换土层和砾石层的综合孔隙率；d_p——地表下凹深度（mm）；t_s——地表下凹空间内水体的滞留时间（h）。为避免夏季雨水停滞时间过长可能产生的水质恶化、蚊虫滋生等问题，建议目标滞留时长不超过48h。

基于式(1)，可获得生物滞留池地表下凹绿地的适宜占地面积：

$$A=V_{runoff}/(d_c\times V_r+d_p) \tag{2}$$

式中：A——生物滞留池地表下凹绿地的占地面积（m^2）；V_{runoff}——拟处理的径流量（m^3）。

一般情况下，生物滞留池地表下凹绿地的占地面积与其所服务的不透水汇水区面积比在1∶5到1∶15之间为宜，既可实现滞留、错峰的作用，也可避免过量雨水径流携细小颗粒物汇入可能造成的滤床堵塞问题。

2. 植草沟

植草沟以在径流传输过程中减缓径流流速、推迟峰值出现时间为主要功能，因此植草沟的功能、规模与其路由长度、沟的纵向坡度直接相关。

若将植草沟概化为梯形断面的输水渠（见图2-3-46），则可采用适用于明渠均匀流的谢齐公式和曼宁公式，进行规模计算。计算式如下：

$$V=\frac{1}{n}R^{1/6}\sqrt{Ri} \tag{3}$$

式中：V——植草沟内水流流速（m/s）；n——糙率；i——植草沟纵向坡度；R——水力半径。

其中，水力半径等于过水断面面积与湿周之比。植草沟概化为梯形断面的水力半径计算公式为：

$$R=\frac{A}{\chi}=\frac{(b+mh)h}{b+2h\sqrt{1+m^2}} \tag{4}$$

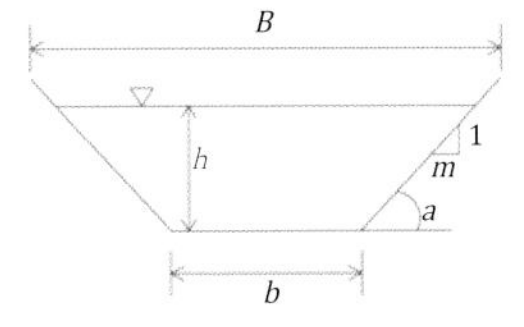

图2-3-46 植草沟概化的梯形断面

式中：A——梯形断面面积（m^2）；χ——湿周（m），其余长度单位均为m。

此外，加拿大CVC环境保护机构和大多伦多地区环境保护署(Toronto and Region Conservation Authority，缩写TRCA)还经过大量的原型观测和模型计算，提出以下有关植草沟规模的计算方法。

（1）当植草沟路由长度小于等于9m时，其路由长和纵向坡度应满足图2-3-47所示关系。

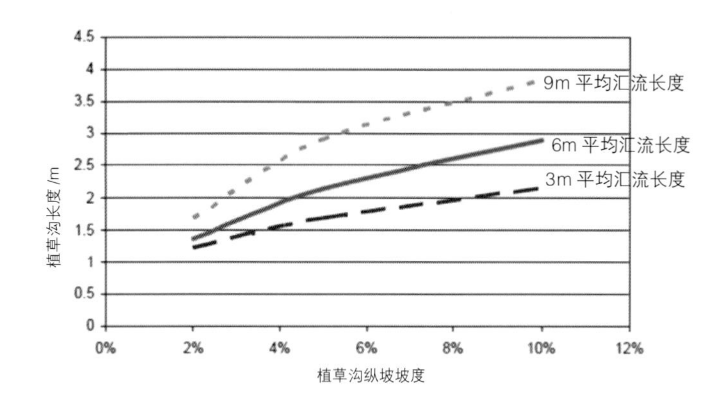

图 2-3-47 植草沟长度与纵坡的关系
（来源：*Low Impact Development Stormwater Management Planning and Design Guide*）

（2）当植草沟路由长度大于 9 m 时，沟内流速不宜大于 0.5 m/s。以流速为边界条件可利用式（3）和式（4）进行规模计算。

3. 渗透沟

渗透沟以鼓励雨水径流下渗、回补地下水为主要目标。利用地下的砾石腔短时储水，并促其下渗。与其效能相关的指标主要为规划场地土壤的渗透率和砾石腔的孔隙率。渗透沟多位于人行道、庭院路或广场之下，地表根据使用、景观需求确定，无须下凹。渗透沟砾石腔的规模计算公式为：

$$d_{c\max}=i\times t_s/V_r \tag{5}$$

式中：$d_{c\max}$——渗透沟砾石腔最大深度（mm）；i——场地原土土壤渗透率（mm/h）；V_r——渗透沟地下砾石层的孔隙率；t_s——砾石腔排空时间（h）。

而渗透沟平面占地则与拟处理的径流量直接相关，可根据下式进行计算。

$$A=V_{runoff}/(d_c\times V_r) \tag{6}$$

其中，A——渗透沟平面所需占地面积（m²）；V_{runoff}——拟处理的径流量（m³）。

一般情况下，渗透沟平面占地面积与其所服务的不透水汇水区面积比在 1∶5 到 1∶20 之间为宜，既可发挥雨洪调控的作用，也可避免过量雨水径流携细小颗粒物汇入可能造成的砾石腔堵塞问题。

4. 透水铺装

透水铺装在使用的前期阶段透水效果最佳。随着使用时间的增长，透水效能会逐渐减弱。经原型观测，加拿大大多伦多地区环境保护署认为，当透水材料的透水率达到 75 mm/h 时，即可保证中小强度降雨情况下地表无产流。

5. 集水箱

相比于其他设施，集水箱特别是地下集水箱，其建设和维护成本较高。集水箱内储水多做它用，因此其规模与所在地区降雨强度、地区径流总量控制率、目标用水对象的需水量以及建设维护成本密切相关。

6. 净水湿地

研究表明，净水湿地系统对总氮（TN）、总磷（TP）、生物需氧量（COD）等的去除率与水力负荷和水力停留时间均呈现倒抛物线的函数关系。即各项去除率均随水力负荷和水力停留时间的增长而上升，达到一定值后，又随二者的增长而下降。这是因为过低的水力负荷和过高的水力停留时间，会使厌氧环境过盛，从而抑制硝化过程，削弱净水效果。因此，在进行湿地设计时，应对湿地规模对应的水力停留时间、表面水力负荷等参数予以格外关注。

以水平潜流人工湿地为例，其规模计算公式如下：

①人工湿地宽度：

$$W = \frac{Q}{86\,400 \times K_y \times n \times H_s} \tag{7}$$

式中：W——人工湿地宽度（m）；Q——进水流量（m^3/d）；n——水力坡度；K_y——填料渗透系数（m/s）；H_s——处理区填料厚度（m）。

其中，水力坡度计算公式如下：

$$i = \frac{\nabla H}{L} \times 100\% \tag{8}$$

式中：i——水力坡度（%）；∇H——水体在湿地内渗流路程长度上的水位下降值（m）；L——水体在湿地内渗流路程的水平距离（m）。

②人工湿地长度：

$$L = \frac{A}{W} \tag{9}$$

式中：L——人工湿地长度（m）；A——人工湿地面积（m^2）。

③人工湿地水力停留时间计算方法：

$$t = \frac{V \times \varepsilon}{Q} \tag{10}$$

式中：t——水力停留时间（d）；V——湿地在自然状态下的体积，包括基质实体及其开口、闭口空隙（m^3）；ε——孔隙率（%）；Q——湿地设计水量（m^3）。

④人工湿地表面水力负荷计算公式：

$$q_{hs} = \frac{Q}{A} \tag{11}$$

式中：q_{hs}——表面水力负荷。

六种低影响开发措施效能对比见表 2-3-1。

表 2-3-1 六种低影响开发措施效能对比

项目	外观	优点	适用范围	影响因子
生物滞留池	外观类似花池，种植的植物可为灌木或者草本植物；根据地形与景观要求的不同，常见的形式有雨水花园、高位花坛、生态树池等	滞留径流、错峰消峰、净化水体、回补地下水，营造自然景观效果，恢复生态系统	街角、公园、学校、住宅周边	规划场地土壤的渗透率、滞留池换土层（滤床）、砾石层的孔隙率、地表下凹深度、目标滞留时长
植草沟	带状浅沟，内有植物、砾石、木屑等填充物	收集、输送水体，减缓径流汇集速度；对水体具有初滤作用	道路两侧、停车场周边	植草沟路由长度、纵向坡度
渗透沟	多埋于地下	通过促进径流下渗，回补地下水，降低峰值；仅占用地下空间，不影响地上空间的使用	慢行街道两侧、居住区、学校	规划场地土壤的渗透率、砾石腔的孔隙率
透水铺装	使用透水材料制作的铺装，外形与普通铺装类似	增加地表渗透能力，低碳美观	停车场、人行道、广场	透水材料本身的铺装孔隙率
集水箱	大容量的水箱，一般与建筑的落水管相接，或暴露于地上或埋于地下	有效收集屋顶雨水径流，便于二次利用，经济节能，方便管理	建筑旁、广场、体育场下	地区径流总量控制率、目标用水对象的需水量以及建设维护成本
净水湿地	大面积的绿植与水面相间，郊野、生态气息浓郁	水质净化效果明显、突出	措施占地面积大，具有一定空间条件的滨水带或城市绿地中	设计处理水量、进水水质情况、出水水质目标、基质孔隙率、湿地面积

第 3 章 海绵城市规划设计要则

CHAPTER Ⅲ

PRINCIPLES AND POINTS OF SPONGE CITY PLANNING AND DESIGN

海绵城市建设以基于现状情况规划设计具有一定“弹性”的雨洪管理功能系统、措施为核心，同时要求该功能载体能够与城市空间格局、使用需求、景观氛围相结合。因此，规划设计过程中不可避免地涉及场地的水文环境、生物物理特征以及场地空间布局、密度、景观风貌以及文化特征等要素，涵盖土地规划、水环境规划、景观规划等不同专项规划内容。以多维度信息集中、多目标规划复合为特征，海绵城市规划设计向城市景观规划设计、建设人员提出了新的要求。本章针对海绵城市规划设计的独特性，通过规划设计内容、步骤、构建途径和要则四部分内容系统全面地探讨海绵城市的规划设计方法。

3.1 海绵城市规划设计内容

与传统城市规划设计包括逐层递进、细化的三个部分（总体规划、控制性详细规划和城市设计）相近，按照规划对象尺度的不同，海绵城市规划设计自顶向下可细化为六部分，相应的规划设计内容如表 3-1-1 所示。

表 3-1-1 不同尺度下海绵城市的规划设计内容

规划设计阶段	规划设计内容
流域规划	明确流域范围内的各种挑战，拟定合理的流域水资源开发管理策略、原则，如雨洪管理总体策略、应对气候变化策略等； 结合流域自然特点和建设发展目标制定流域总体水资源控制目标，如径流总量控制目标、径流峰值控制目标、径流污染控制目标等
总体规划	以明晰城区现状湿地、河流、湖泊、坑塘、沟渠等水生态敏感区位置、规模及作用关系为前提，分解落实流域规划确定的控制目标和指标，提出土地管控方案，包括水生态敏感区的划定（如禁建区、限建区）、城市空间增长边界和规模的确定，地上地下水资源分配指标，进而进行以雨洪管理为目标的城市水系统、绿地系统，排水防涝等专项规划
控制性规划	结合城市道路系统规划、开放空间规划、市政排水系统规划以及水系统、绿地系统规划，制订城市雨洪管理系统框架、流程和管理模式； 明确城区内各子区域雨洪管理控制指标（包括透水率、绿地率等），提出用地布局，竖向规划，合理组织地表径流
修建性详细规划	结合水文、水力计算或模型模拟，明确系统中的雨洪管理措施类型、位置、规模、功能定位等信息，为下阶段更为具体的规划设计提供指导
概念设计	尊重控制性规划中对措施的功能定位和规模建议； 对雨洪管理系统框架中的雨洪管理措施进行概念设计，尽可能与场地中的道路、停车场、停留空间、铺装、绿地设计进行功能融合，实现多目标设计，产生景观效益
详细设计	雨洪管理措施的详细设计，包括形式设计、种植设计、材料设计、竖向设计等

《海绵城市建设技术指南》中，对我国近 200 个城市 1983—2012 年的日降雨量进行了统计分析，提出各城市年径流总量控制率及其对应的设计降雨量值关系。该指南将我国大陆地区大致分为五个区，并给出了各区年径流总量控制率 α 的最低和最高限值，分别为Ⅰ区（85% ≤ α ≤ 90%）、Ⅱ区（80% ≤ α ≤ 85%）、Ⅲ区（75% ≤ α ≤ 85%）、Ⅳ区（70% ≤ α ≤ 85%）、Ⅴ区（60% ≤ α ≤ 85%）。对应的设计降雨量值见表 3-1-2。

表 3-1-2 我国部分城市年径流总量控制率对应的设计降雨量值一览表

城市	不同年径流总量控制率对应的设计降雨量 (mm)				
	60%	70%	75%	80%	85%
酒泉	4.1	5.4	6.3	7.4	8.9
拉萨	6.2	8.1	9.2	10.6	12.3
西宁	6.1	8.0	9.2	10.7	12.7
乌鲁木齐	5.8	7.8	9.1	10.8	13.0
银川	7.5	10.3	12.1	14.4	17.7
呼和浩特	9.5	13.0	15.2	18.2	22.0
哈尔滨	9.1	12.7	15.1	18.2	22.2
太原	9.7	13.5	16.1	19.4	23.6
长春	10.6	14.9	17.8	21.4	26.6
昆明	11.5	15.7	18.5	22.0	26.8
汉中	11.7	16.0	18.8	22.3	27.0
石家庄	12.3	17.1	20.3	24.1	28.9
沈阳	12.8	17.5	20.8	25.0	30.3
杭州	13.1	17.8	21.0	24.9	30.3
合肥	13.1	18.0	21.3	25.6	31.3
长沙	13.7	18.5	21.8	26.0	31.6
重庆	12.2	17.4	20.9	25.5	31.9
贵阳	13.2	18.4	21.9	26.3	32.0
上海	13.4	18.7	22.2	26.7	33.0
北京	14.0	19.4	22.8	27.3	33.6
郑州	14.0	19.5	23.1	27.8	34.3
福州	14.8	20.4	24.1	28.9	35.7
南京	14.7	20.5	24.6	29.7	36.6
宜宾	12.9	19.0	23.4	29.1	36.7
天津	14.9	20.9	25.0	30.4	37.8
南昌	16.7	22.8	26.8	32.0	38.9
南宁	17.0	23.5	27.9	33.4	40.4
济南	16.7	23.2	27.7	33.5	41.3
武汉	17.6	24.5	29.2	35.2	43.3
广州	18.4	25.2	29.7	35.5	43.4
海口	23.5	33.1	40.0	49.5	63.4

（来源：《海绵城市建设技术指南》）

3.2 海绵城市规划设计步骤

海绵城市规划设计以多要素复合性为突出特点，涉及水文、植物、土壤等诸多自然要素，也与城市空间格局、功能需求、形态肌理、景观氛围乃至文化要素密切相关。其中，水文条件不仅对海绵城市中雨洪管理系统及系统中各措施的功能定位、效能发挥起着决定性作用，而且同时随着水文环境的改善调节也会对环境中的植物群落、陆生湿生动植物的栖息环境、土壤养分以及人类活动需求、审美需求等产生积极影响。因此，海绵城市建设的基本出发点是通过调节场地地表径流量、汇集速度以及水质促使场地水文环境保持或恢复到开发建设前的水文循环过程，是在充分了解水环境与场地自然、人文要素间内在联系的基础上，通过合理巧妙地规划设计在实现雨洪管理的同时达到动植物生境改善、城市景观环境提升等多重目标，才是成功的案例。

海绵城市规划设计的特性决定了其需要一种多内容融合的规划设计方法，以确保雨洪管理、环境、社会以及教育等多目标的兼顾。规划设计步骤和关键技术环节如下。

3.2.1 现状调研分析

对于区域或场地背景环境的充分理解可为海绵城市的规划设计提供线索和灵感，并直接决定着规划设计方案的目标能效能否正常发挥。区域或场地的地理与地形特性、生态特性、开放空间以及土壤和水文情况是海绵城市规划设计现状调研阶段需重点了解分析的几个典型要素，为后续目标的制订、设计方案的形成提供线索。

1. 地理与地形特性

地形地貌以及地表以下的地质情况均直接影响着不同类型雨洪管理措施对于项目场地的适用性。对于大尺度场地而言，这种影响则更为密切。例如，加拿大大多伦多地区的易洛魁湖区（Lake Iroquois Sand Plain）和橡树岭地区（Oak Ridges Moraine），土壤透水性良好，因此在进行雨洪管理规划设计时可主要考虑渗透性措施的运用；相反，对于位于黏土层上的皮尔地区（Peel Plain）而言，则需要规划设计者对滞留、促进蒸发以及回收再利用等多种措施进行组合运用，以达到雨洪管理的目标。

因地形决定了项目场地的子流域划分模式、径流汇集速度以及地表地下水交换率，从而对场地的产汇流过程产生直接影响。由于尽可能少地改变场地原有汇水分区的规模和布局，尽可能少地影响产汇流过程，是海绵城市规划设计的重要目标之一，因此，地形是海绵系统构建的关键要素。对其的充分了解和认知，是开展海绵城市规划设计的第一步。

2. 生态特征

海绵城市雨洪管理系统涵盖了自产流源头、传输过程到终端收集全过程中多种多样的绿色措施，强调利用绿地、水系、湖泊、湿地等自然要素实现雨洪管理目标。因此，一方面海绵系统的构建需要在充分了解场地现状生态要素的基础上，予以巧妙利用，实现功能的多样化；另一方面，将由线性植草沟、过滤带、集中的生物滞留池、湿地等构成的雨洪管理系统与项目场地现状的自然生态元素相连，不仅可提高场地现状生态斑块间的连通度，完善生态廊道，还可扩大场地生态板块的规模，创建生态缓冲区。由此可见，对于现状生态环境特征的认知，可有效提高雨洪管理系统功能的复合性和高效性，为城市生态环境的改善和提升创造难得的机遇。需要注意的是，当雨洪管理措施用于污染物处理时，该措施则不能作为生物栖息地进行规划设计。

3. 开放空间

项目场地中已有的开放空间为雨洪管理措施与景观塑造相结合创造了可能，从而达到提升环境品质、满足人们使用及审美需求的目标。充分了解、分析场地现状开放空间的优势资源和存在的问题，可为雨洪管理系统、措施的规划设计提供启发和线索，促成设计创新的形成。

雨洪管理系统或措施通过对雨水资源的调节利用，可改善绿地、公园等开放空间植物的生长情况，促进物种多样性发展，吸引居民游人的到访，赋予场地多重功能。同时，与公园、绿地融合的雨洪管理系统措施规划设计，不仅可在一定程度上减少排水工程建设量和投资，还有助于促进雨洪管理措施的推广，提高社会对其的认可度和接受度。

4. 土壤

土壤的渗透性与构建雨洪管理系统、选择适宜措施密切相关。渗透性较好的场地进行雨洪管理时，应多鼓励径流的下渗，以渗透性措施如生物渗透池、渗透沟、透水铺装等为宜；相反，对于土壤渗透性较差的场地而言，渗透性措施的应用效果受到限制，但为同样达到较好的雨洪调蓄目标，应尝试不同类型措施的组合运用，包括低影响开发措施中的滞留措施、雨水收集再利用措施、地下集水池等，也涉及市政管网的配合辅助。不同类型土壤的持水能力不仅决定着径流的下渗量，而且对适宜生长的植物种类、绿化密度有明显影响，因此对于以水质净化为目标的雨洪管理措施而言，明确了解场地土壤的特性尤显重要。

5. 水文特性

开展海绵城市规划设计之前，应对项目场地及周边一定范围内的地下水位、地下不透水层深度、浅层地下水层的特性以及年平均地表地下水交换率和交换位置等信息进行了解掌握。地下水位较高的场地不利于渗透性雨洪管理措施功能的发挥。除此之外，场地现状汇水分区情况也是非常关键的水文特性。因为汇水分区情况不仅决定了场地内不同区块的产流量、径流的汇集方式，而且因不同汇水分区承担的城市功能角色、被使用方式不同，也直接影响着各区雨水径流的水质情况。换言之，不同汇水分区产生的径流，其水质情况存在明显差异。例如，与建筑屋面产生的雨水径流相比，道路汇水区产生的径流受污染程度高，存在重金属污染等突出问题。城市主干道、高速公路的径流污染程度也明显高于步行道路、商业中心等。由于目前许多城区仍以地下水作为饮用水源，因此为避免受污染径流对地下水的影响，各汇水分区的雨洪管理模式能否以回补地下水的方式进行处理，能否进行雨水收集再利用的规划设计，是否需要强化雨水管理系统的净化能力，受汇水分区承担的城市功能、人为影响决定。另外，需要特别注意的是，雨洪管理规划设计针对污染程度不同的径流，应分区治理的基本方针，切忌将污染重的径流与干净的径流进行混流处理。表 3-2-1 以径流受污染程度为依据，对汇水分区进行分类，分别介绍不同类型分区适宜采用的雨洪管理措施类型、组合方式以及基本设计要点。

表3-2-1 不同类型汇水分区的径流水质特点以及其管理方式与原则

汇水分区类型	径流水质特点	管理方式	原则
屋顶径流	相对清洁； 污染物主要有屋面材料分解所产生的沥青颗粒、少量碳氢化合物以及从空气中落到屋面的动物排泄物、自然有机物和固体颗粒	鼓励下渗； 收集净化后作为非饮用水源（例如灌溉、冲厕等）； 存入水池或湿地等中	入渗前，可进行预沉淀和过滤处理； 屋顶径流建议尽可能在源头进行管理，尽量避免此类径流流入市政管网等末端排水环节
次级道路、停车场、步行道、广场、小径	中度污染； 污染物主要有少量固体颗粒物、除雪剂留下的盐分、碳氢化合物、金属离子、以及自然有机物	净化后鼓励下渗； 收集净化后作为非饮用水源（例如汽车清洗、消防备用水等）； 存入水池或湿地等中	入渗前，建议进行预沉淀和过滤处理； 进入再利用系统前，需对水质进行监测检验
主干道和大型停车场	重度污染； 污染物有固体颗粒物、除雪剂留下的盐分、碳氢化合物、金属离子	经过预处理后存入水池或湿地等中； 一般情况下，不建议下渗。仅在地下水匮乏的区域，考虑经过初期净化后，回补地下水	若需回补地下水，则需进行预沉淀、过滤以及植物净化后才可入渗
污染点，例如加油站、工业区、垃圾堆等	重度污染； 污染物有固体颗粒物、除雪剂留下的盐分、碳氢化合物、金属离子以及其他有毒物质	不建议进行下渗和回收再利用； 需经过更为有针对性的净化处理后，存入指定湿地等中	

3.2.2 雨洪管理控制目标和指标的制订

在对场地现状情况进行深入了解和掌握的基础上，应根据场地的环境条件、经济发展水平以及雨洪调节的功能需求，因地制宜地制订适用于项目场地的径流总量、径流峰值和径流污染控制目标及相关技术指标。

《海绵城市建设技术指南》指出低影响开发雨水系统控制指标的选择应根据建筑密度、绿地率、水域面积率等既有规划控制指标及土地利用布局、当地水文、水环境等条件合理确定，并最终落实到用地条件或建设项目设计要点中。表 3-2-2 给出了海绵城市雨洪管理控制指标及分解方法。规划设计团队也可通过对项目场地水文、水力计算与模型模拟等方法对年径流总量控制率目标进行逐层分解。

3.2.3 雨洪管理技术措施及其组合系统的确定与选择

雨洪管理技术措施及其组合系统的确定与选择应遵循以下原则：注重资源节约，保护生态环境，因地制宜，经济适用并与其他专业密切配合。

通过对场地现状情况分析和控制目标的制订，规划设计团队可以清晰准确地了解项目场地的特点和规划设计目标，从而或以目标为导向或以问题为导向，选取适宜当地条件、满足目标需求的技术措施（包括植草沟、下凹绿地、渗透塘、湿地等低影响开发设施，也涉及市政管网等灰色基础设施），并进行巧妙组合，构成海绵城市雨洪管理技术系统。典型的技术系统有雨洪调蓄系统、渗透系统、径流污染控制系统、综合目标控制系统。在地下水超采区，如地质和土壤条件允许，应首先考虑雨水径流的下渗回补；在低洼易涝区，以雨洪调蓄系统为首选；对于使用功能密集复合的旧城区而言，径流污染控制系统可有效避免地表径流对地下水造成的污染。干旱缺水地区应注重雨水的资源化利用，而一般地区则应注重通过与景观规划设计的融合，实现雨洪管理的源头化，保持或恢复场地开发前的水文状况。各系统示意见图 3-2-1 ～图 3-2-4。

表 3-2-2 低影响开发控制指标及分解方法 [1]

规划层级	控制目标与指标	赋值方法
城市总体规划、专项（专业）规划	控制目标： 年径流总量控制率及其对应的设计降雨量	年径流总量控制率目标选择详见本章 3.1 节。也可通过统计分析计算，或查询表 3-1-2 得到年径流控制率及其对应的设计降雨量
详细规划	综合指标： 单位面积控制容积	根据总体规划阶段提出的年径流总量控制率目标，结合各地地块绿地率等控制指标，参照公式 [5] 计算各地块的综合指标——单位面积控制容积
	单项指标： 1. 下沉式绿地率 [2] 及其下沉深度 2. 透水铺装率 [3] 3. 绿色屋顶率 [4] 4. 其他	根据各地块的具体条件，通过技术经济分析，合理选择单项或组合控制指标，并对指标进行合理分配。指标分解方法如下。 方法 1：根据控制目标和综合指标进行试算分解 方法 2：模型模拟

注：1 摘自《海绵城市建设技术指南》。

2 下沉式绿地率 = 广义的下沉式绿地面积 / 绿地总面积，广义的下沉式绿地泛指具有一定调蓄容积（在以径流总量控制为目标进行目标分解或设计计算时，不包括调节容积）的可用于调蓄径流雨水的绿地，包括生物滞留设施、渗透塘、湿塘、雨水湿地等。下沉深度指下沉式绿地低于周边铺砌地面或道路的平均深度，下沉深度小于 100mm 的下沉式绿地面积不参与计算（受当地土壤渗透性能等条件制约，下沉深度有限的渗透设施除外），对于湿塘、雨水湿地等水面设施则指调蓄深度。

3 透水铺装率 = 透水铺装面积 / 硬化地面总面积。

4 绿色屋顶率 = 绿色屋顶面积 / 建筑屋顶总面积。

5 公式：$V=10H\phi F$，式中：V 为设计调蓄容积，单位 m^3；H 为设计降雨量，单位 mm；ϕ 为综合雨量径流系数；F 为汇水面积，单位 hm^2。

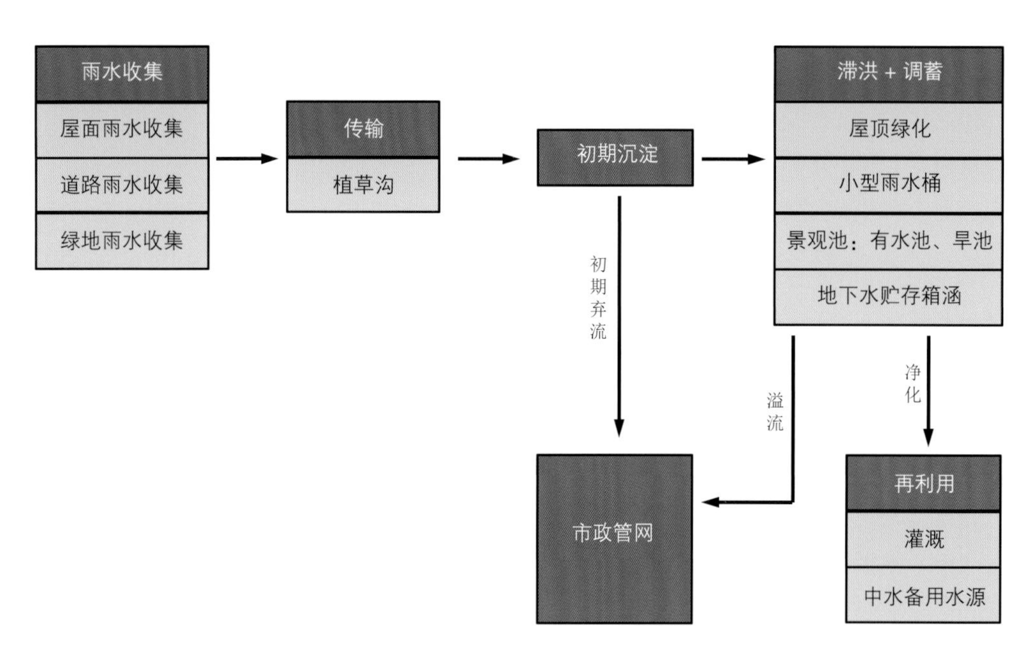

图 3-2-1 雨洪调蓄流程

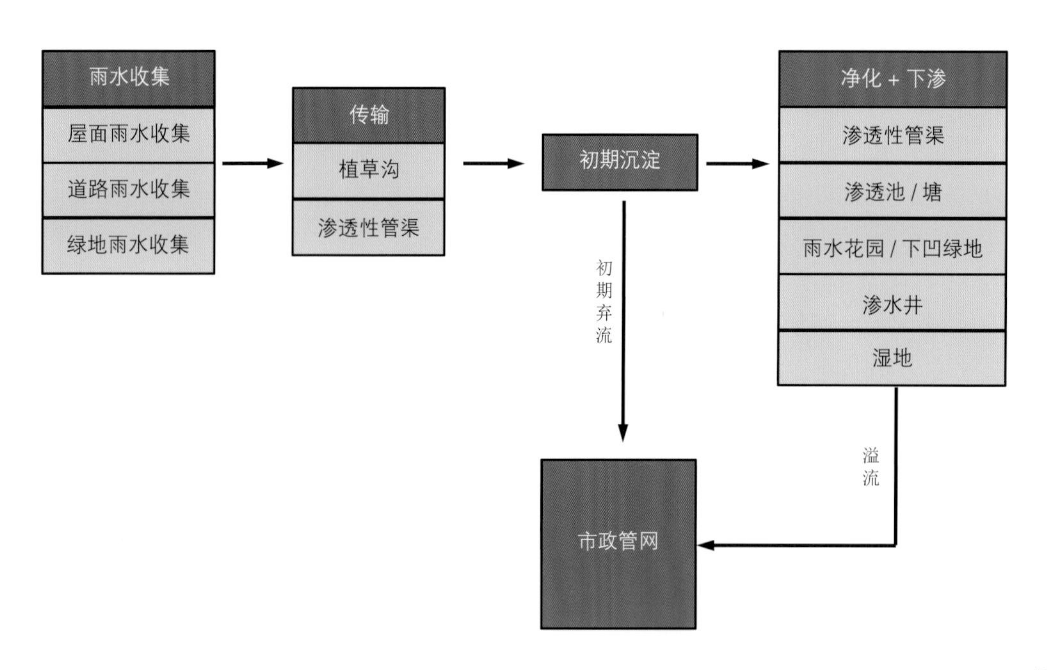

图 3-2-2 渗透系统

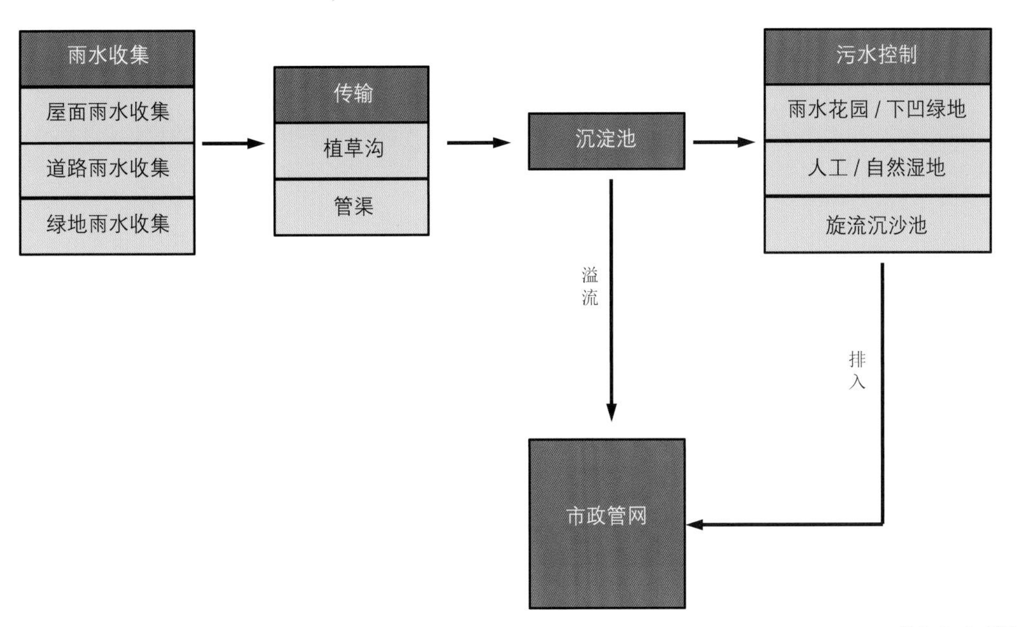

图 3-2-3 径流污染控制系统

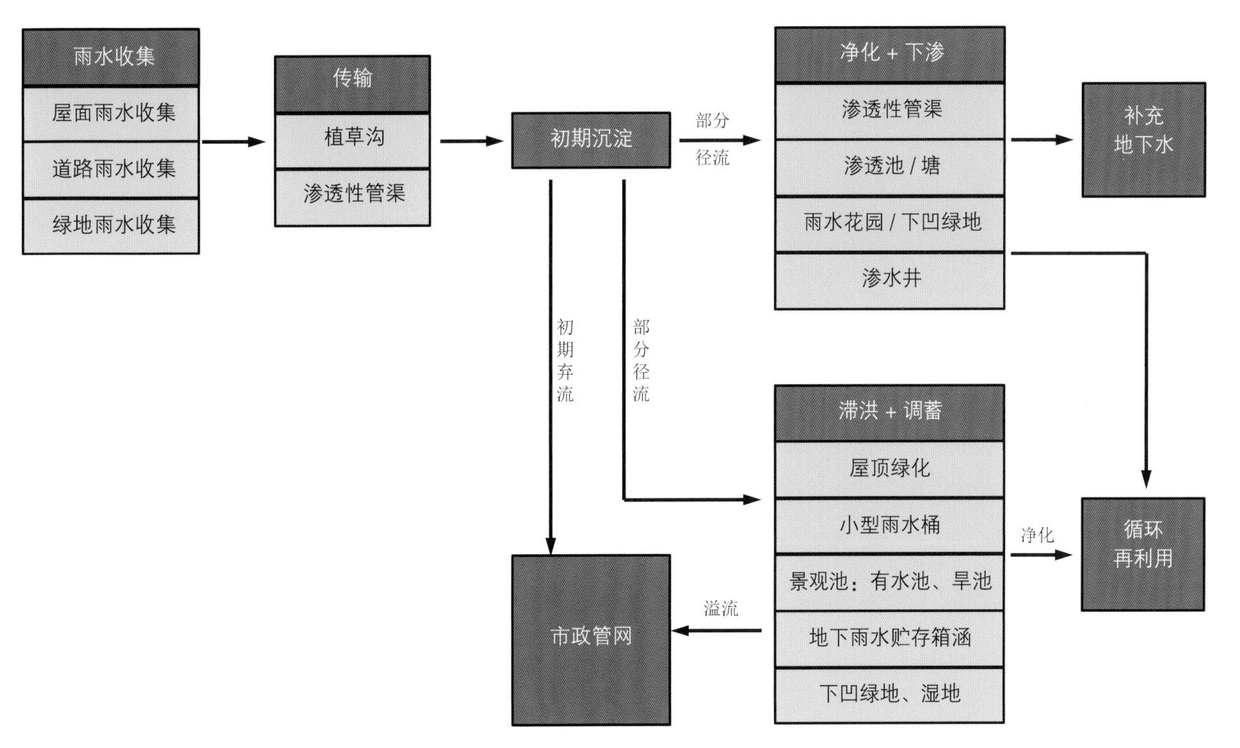

图 3-2-4 综合目标控制系统

雨洪管理技术系统的选择和确立是该步骤中的第一步。第二步则需要根据系统要求细化、明确系统中具体的措施和形式。属于同一雨洪管理功能类型中的措施选择还需要充分结合项目场地空间结构、使用功能、景观形式或氛围等要素，在雨洪管理功能满足的基础上选择形式适宜的技术措施。例如，旧城区建设密度高，情况复杂，在选择满足收集调蓄功能类型的技术措施时，以地下集水箱更为适宜。虽常作为雨洪管理系统终端的湿地、水池的景观形式更优，但其所需的用地规模较难在旧城区中实现。在对径流污染控制系统中的措施进行选择时，集水区的使用功能、人类活动直接影响地表径流中的污染物类型，并进一步对选择的具体净化措施产生影响。由此可见，雨洪管理技术措施及其组合系统的制订和选择，应鼓励不同学科，包括城市规划、景观设计、水文水力学、环境工程学等从业人员的共同参与，以强化雨洪管理系统多功能兼顾的特点，并有利于创新性规划设计方案的形成。

3.2.4 雨洪管理措施设计

结合场地具体情况，包括用地性质、空间结构、功能定位等综合确定雨洪管理措施的平面布局。应特别注重其与公共开放空间、绿地、水域的功能融合，高效利用现有设施和场地，并尝试雨洪管理与景观营造的多方式结合。措施规模的确定则受场地水文和水力学计算结果以及场地可利用空间的双重约束。

3.3 海绵城市中低影响开发雨水系统的构建途径

低影响开发雨水系统构建途径的一个突出特点是便于与城市景观相结合，适用于不同尺度下的景观环境项目。景观规划层面，常见于低影响开发系统措施与城市绿地系统、水系统、公共开放空间系统、道路系统等宏观系统的统筹组织，协调可能相互矛盾的土地利用需求（例如道路通行空间与绿地空间占地量的矛盾、滨河缓冲带与土地开发红线的矛盾等），识别对城市雨洪管理具有战略意义的景观元素和空间位置关系。景观设计层面，则聚焦中、微观场地，充分将低影响开发技术措施与城市道路、广场、商业区、居住区、公园等的景观设计相结合，使之不仅具有生态功能，形式上也更丰富多样。下文将分别介绍海绵城市低影响开发雨水系统在不同景观层面的构建途径。

3.3.1 景观规划层面低影响开发雨水系统的构建途径

基于对场地物理、生态、社会以及景观基本情况的深入了解和分析，景观规划层面低影响开发雨水系统构建的第一步是保护场地中的生态要素，包括河流、湖泊、湿地、坑塘、沟渠、林地、公共绿地以及一些现有的绿色基础设施。对这些生态敏感区的保护与修复，不仅因其具有重要的生态价值，也因其能够起到促进雨水蒸发、下渗的管理调节作用，成为低影响开发雨水系统的重要组成部分。

对于新城区的开发建设而言，应尽可能早地开展雨水管理系统、道路交通系统、绿地系统、河湖水系统的协调统筹规划，以实现生态可持续的目标。在进行各专项规划时，应充分考虑雨水管理控制目标的实现手段和途径。例如，新城区主干道应尽可能沿着场地内排水分区分界线规划；各排水分区内次级道路的走向以垂直于径流汇集方向为宜。新城较大规模的公共开放绿地、休憩空间（如运动场、广场等）应尽可能置于新城区整体水文环境的中下游，以充分发挥其雨洪调蓄功能。

景观规划层面低影响开发雨水系统构建的步骤如下。

（1）尽可能了解掌握场地信息，包括场地及周边一定环境范围的上位规划、上位规划对项目场地提出的雨洪管理控制指标；场地自身的水文、土壤、陆生水生生境情况、开放空间分布以及排水分区的划分、规模等。

（2）制订针对场地问题、适宜于场地现状条件的雨洪管理目标和管理系统。

（3）明确适宜进行低影响开发雨水措施建设的位置和规模。

（4）结合拟进行低影响开发雨水措施建设地块的使用功能、景观需求等，提出各措施的景观规划方案。

（5）跳回整个景观规划层面，对规划的各低影响开发措施的功能定位、规模设计以及景观设计进行审核，比照总体目标，进行调整完善。

综上所述，可以概括出景观规划层面下低影响开发雨水系统构建途径的几个特点。

（1）景观规划过程中非常关注场地的水文特点，包括排水分区、产汇流特点、地表与地下水的沟通方式和位置等。

（2）道路系统走向、生态廊道走向、地块布局、公共开放空间选址受场地排水分区模式的影响显著。

（3）场地的土壤特性、地理特性、水文特性与项目场地不同区块的功能定位产生更为直接、密切的联系。

（4）景观规划更多考虑生态功能的融入。

图 3-3-1 和图 3-3-2 展示了景观规划尺度下低影响开发雨水系统的构建途径。

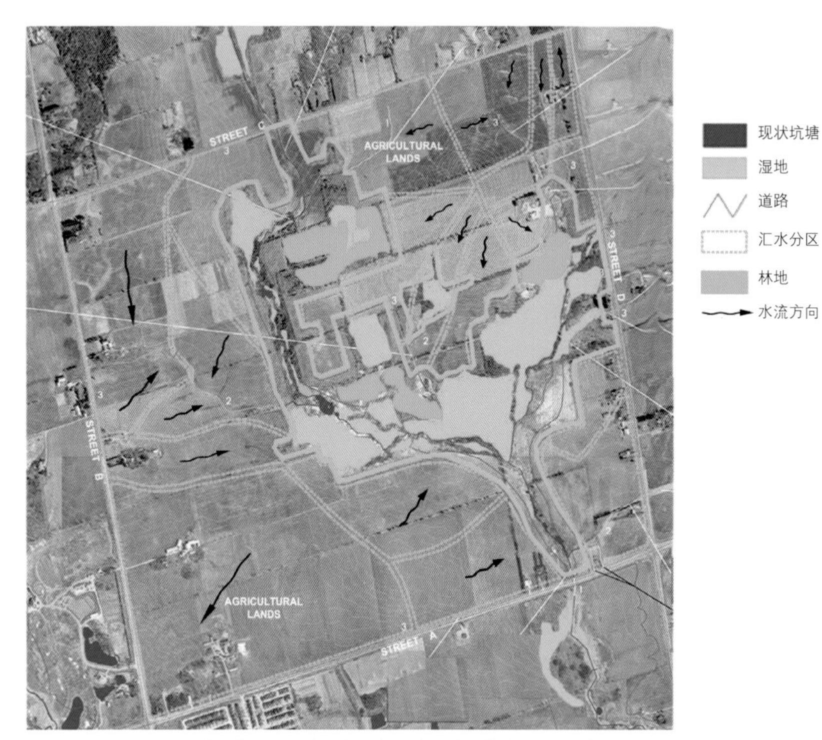

图 3-3-1 景观规划尺度下低影响开发雨水系统构建的基底分析（包括汇水分区划分、水敏感区识别等）
（来源：Schollen and Company Inc. et al. 2006, *Markham Small Streams Study*）

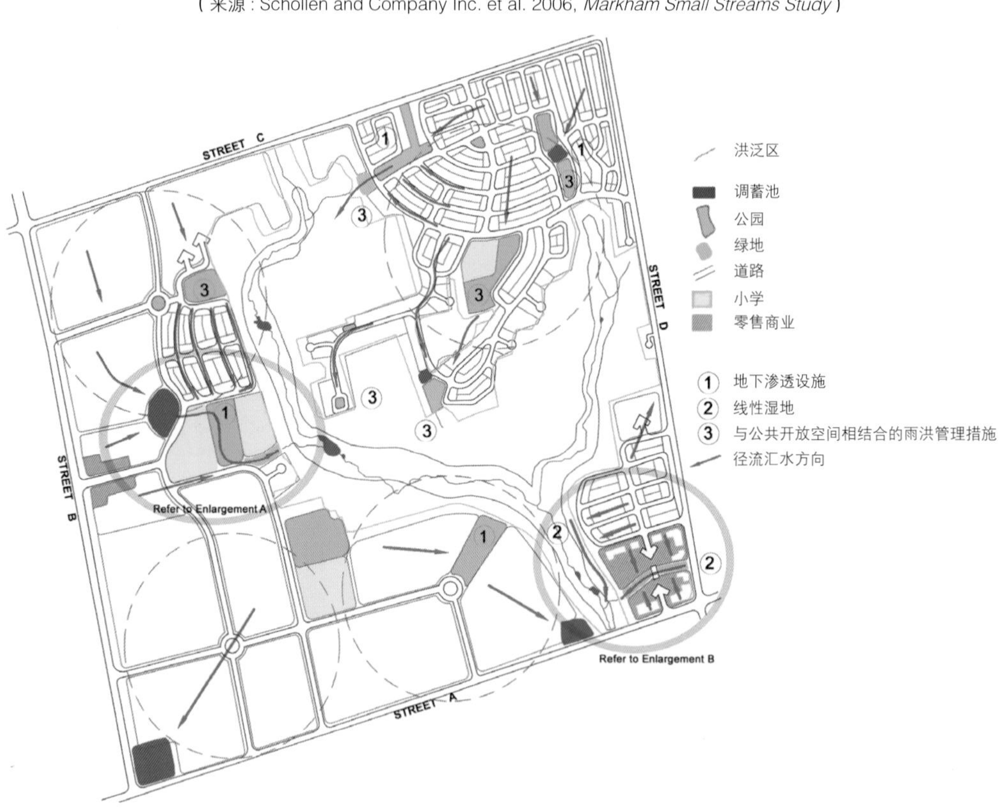

图 3-3-2 景观规划尺度下低影响开发雨水系统规划草图
（来源：Schollen and Company Inc. et al. 2006, *Markham Small Streams Study*）

3.3.2 景观设计层面低影响开发雨水系统的构建途径

景观设计层面低影响开发雨水管理技术措施可全面融入居住区、商业区、休闲区、广场等中，微观尺度功能区的道路、公共开放空间、绿地的设计中，有更多的机遇将管理措施植入产流的源头，如建筑屋顶、社区花园、铺装等。

1. 道路的设计

道路的设计可充分与低影响开发措施进行功能、形式上的融合，从而达到削减径流峰值、延缓径流汇集速度的雨洪管理目标。

（1）改进道路系统的规划布局思路和模式，从而减少场地中道路所产生的不透水硬质地面面积；提高场地中慢行道路的比例，在保障交通效率的同时，增加透水路面的比例。

（2）尽可能多地在道路设计中，结合道路沿线、中心岛的绿化规划设计生物滞留池、渗透沟，或者通过埋于道路两侧的多孔渗透管，提高道路下渗率，减少径流峰值（见图 3-3-3）。

2. 公共开放空间、休憩地的设计

公共开放空间、休憩地由于生态要求高，绿地面积大，适宜与多种低影响开发措施的落地设计相结合，并可极大地提升雨水管理措施的可观性，丰富其功能，使之成为重要的景观节点或要素。常见做法如下。

（1）在运动场、广场的地下规划设计地下集水箱。

（2）将低影响开发的雨水管理措施与场地的水景观节点、绿地景观节点设计相结合，例如雨水花园、人工自然式集水池的运用等。

（3）将低影响开发系统中由植草沟、渗透带以及沟渠、水道等构成的雨水传输系统与场地绿色廊道、慢行步道的规划设计，或与场地的生态缓冲区相结合，以实现多功能融合的目标。

3. 产流源头的设计

产流源头的低影响开发管理措施形式多样，有的位于地表成为场地景观营造的主要元素（例如雨水花园、高位植台、渗透池、下凹绿地等），有的则位于地下，毫无痕迹地发挥生态功能（例如集水箱、透水多孔管等）。与大型的雨水管理措施如市政管道、污水处理厂等灰色基础设施相比，位于产流源头的低影响开发措施更易于管理维护，从而可以考虑鼓励民众、志愿者参与到管理维护工作中，降低维护成本，提升民众生态意识。常见的产流源头的雨水管理措施及其功能特点见表 3-3-1。

商业街道改造前

低密度居住区街道改建前

低密度居住区街道改建前

增建生态树池

增建渗透沟

增建雨水湿地

图 3-3-3 旧城区道路雨水系统的规划设计
（来源：*NYC Green Infrastructure Plan*）

表 3-3-1 低影响开发设施比选一览表

单项设施	功能					控制目标			处置方式		经济性		污染物去除率（以 SS 计，%）	景观效果
	集蓄利用雨水	补充地下水	削减峰值流量	净化雨水	转输	径流总量	径流峰值	径流污染	分散	相对集中	建造费用	维护费用		
透水砖铺装	○	●	◎	◎	○	●	◎	◎	√	—	低	低	80～90	—
透水水泥混凝土	○	○	◎	◎	○	◎	◎	◎	√	—	高	中	80～90	—
透水沥青混凝土	○	○	◎	◎	○	◎	◎	◎	√	—	高	中	80～90	—
绿色屋顶	○	○	◎	◎	○	●	◎	◎	√	—	高	中	70～80	好
下沉式绿地	○	●	◎	◎	○	●	◎	◎	√	—	低	低	—	一般
简易型生物滞留设施	○	●	◎	◎	○	●	◎	◎	√	—	低	低	—	好
复杂型生物滞留设施	○	●	◎	●	○	●	◎	●	√	—	中	低	70～95	好
渗透塘	○	●	◎	◎	○	●	◎	◎	—	√	中	中	70～80	一般
渗井	○	●	◎	◎	○	●	◎	◎	√	√	低	低	—	—
湿塘	●	○	●	◎	○	●	●	◎	—	√	高	中	50～80	好
雨水湿地	●	○	●	●	○	●	●	●	√	√	高	中	50～80	好
蓄水池	●	○	◎	◎	○	●	◎	◎	—	√	高	中	80～90	—
雨水罐	●	○	◎	◎	○	●	◎	◎	√	—	低	低	80～90	—
调节塘	○	○	●	◎	○	○	●	◎	—	√	高	中	—	一般
调节池	○	○	●	○	○	○	●	○	—	√	高	中	—	—
传输型植草沟	◎	○	○	◎	●	◎	○	◎	√	—	低	低	35～90	一般
干式植草沟	○	●	○	◎	●	●	○	◎	√	—	低	低	35～90	好
湿式植草沟	○	○	○	●	●	○	○	●	√	—	中	低	—	好
渗管 / 渠	○	◎	○	○	●	◎	○	◎	√	—	中	中	35～70	—
植被缓冲带	○	○	○	●	—	○	○	●	√	—	低	低	50～75	一般
初期雨水弃流设施	◎	○	○	●	—	○	○	●	√	—	低	中	40～60	—
人工土壤渗滤	○	○	○	●	—	○	○	◎	—	√	高	中	75～95	好

注：1 ●——强　◎——较强　○——弱或很小。

2 SS 去除率数据来自美国流域保护中心（Center For Watershed Protection, CWP）的研究数据。

3 内容摘自《海绵城市建设技术指南》。

以单项雨洪管理措施为基础，中、微观尺度景观设计层面常见的低影响开发雨水管理系统如图 3-3-4 所示。

（1）利用地上或地下集水设施（如干池、雨水罐、蓄水池）收集建筑屋顶雨水径流作为非饮用水源。

（2）利用渗透沟、植草沟、砾石沟等将屋顶雨水径流疏导至渗透池、生物滞留池、雨水花园、下凹绿地等。

（3）将渗透池、生物滞留池、雨水花园、下凹绿地等作为场地的景观节点，或根据实际需求在其中融入游憩、休闲的功能，提升场地环境品质。

流程式的雨水管理系统与具体化场地自然、人文环境特点相结合，通过景观设计师的巧妙组合和创新设计，形成多个经典的雨洪管理型景观设计案例，涵盖居住区、商业区、休闲广场等多种景观类型。

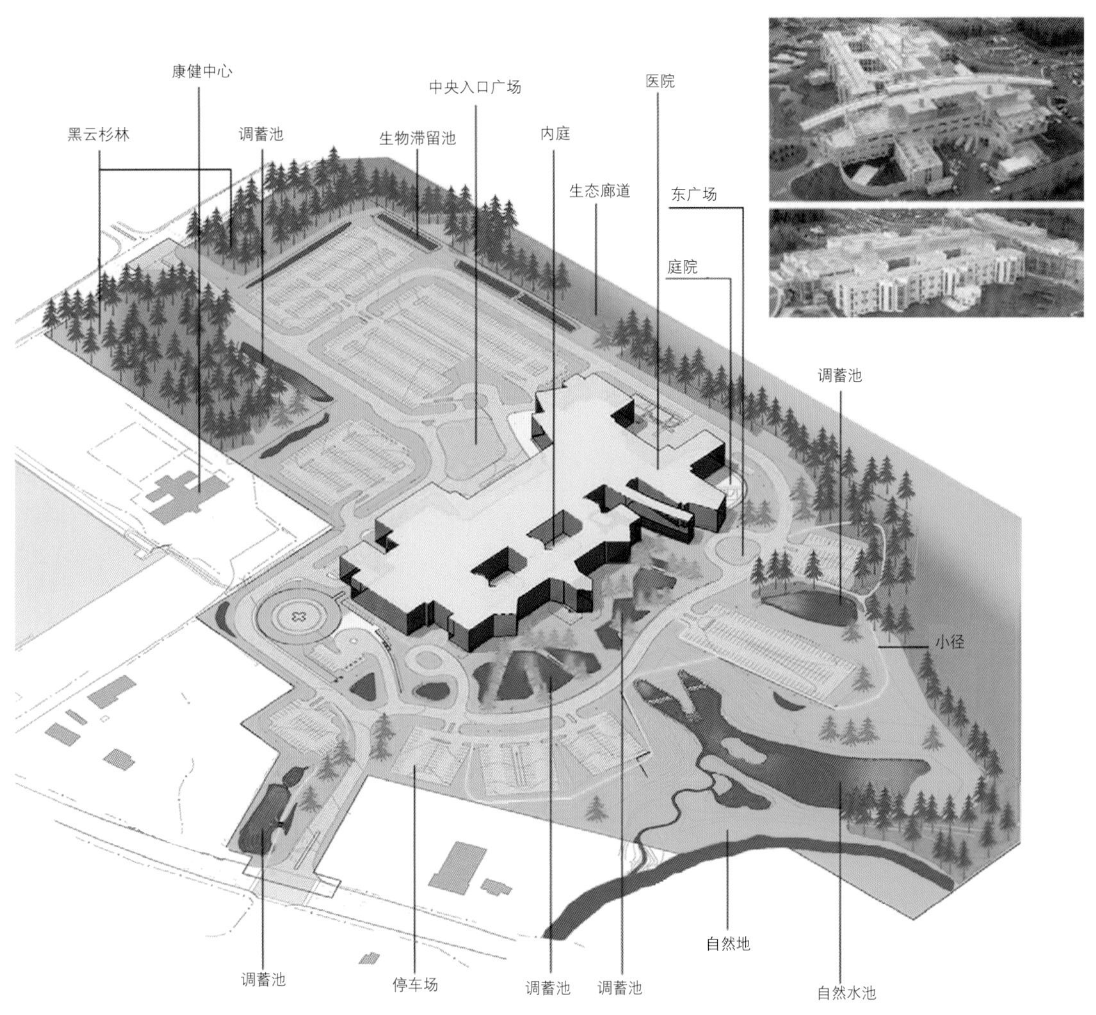

图 3-3-4 场所尺度下低影响开发雨水系统措施的布局
（来源：*Thunder Bay Regional Health Centre Model Study*）

居住区低影响开发雨水系统构建途径案例——美国波特兰市 Hoyt 住区

Hoyt 住区位于美国波特兰市第十大道和 Hoyt 路交口，提供精装修的一室和两室公寓，配套服务设施高端舒适，包括屋顶温泉 SPA、健身中心、地下停车场以及一个公共庭院。

波特兰环境保护局要求，所有新增不透水面积达到 500 平方英尺（约合 46 m^2）的新区开发或旧区改造项目，必须配套规划建设雨水管理措施，以不改变建设前后的产流量。美国 Koch 景观设计事务所视上述要求为机遇，视雨水为景观资源，在项目中着眼于源头处理的雨洪管理措施，并使之与公共庭院的景观设计巧妙结合（见图 3-3-5）。

由于公共庭院位于居住区地下停车场混凝土顶板上，无法促使径流下渗，因此对降雨产流的短时“滞留”成为该片区雨洪管理的核心思路。设计师规划设计了三组由混凝土渠槽、跌水堰、收集池共同构成的雨洪收集系统（见图 3-3-6），引导庭院四周建筑的屋面雨水径流汇入庭院内的储水设备中。即建筑雨落管末端与混凝土渠槽相连，经过跌水堰，将建筑屋面的雨水径流导流至填充满砾石的地上储水池，其下方还有约 1.5 万 L 的地下储水空间（见图 3-3-7 ～图 3-3-10）。受降雨强度影响，储水箱从储水到水满发生溢流至市政管网过程所需时间不等。据统计，最长可达 30 小时，即最长 30 小时后才会出现储水箱内径流溢流至市政排水管网的情况。由此可见，该系统设计在避免庭院积水、降低居住区径流汇水峰值、缓解波特兰市排水管网压力这三方面具有突出优势。

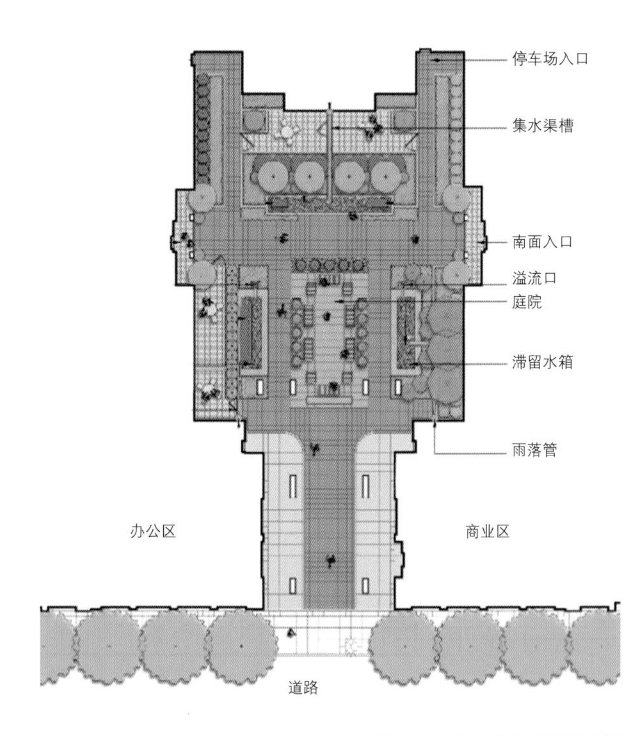

图 3-3-5 Hoyt 住区庭院平面图
（©J. Hoyer）

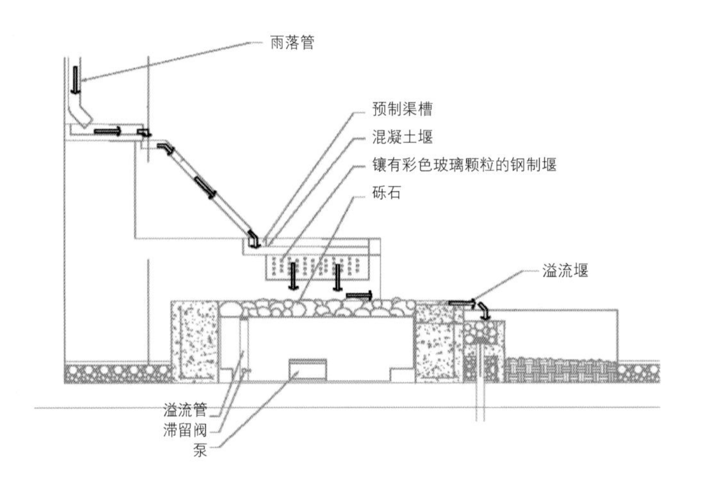

图 3-3-6 Hoyt 住区庭院雨洪管理系统流程
（©Koch Landscape Architecture）

图 3-3-7 Hoyt 住区雨洪管理系统实景
（©J. Hoyer）

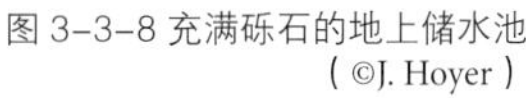

图 3-3-8 充满砾石的地上储水池
（ ©J. Hoyer ）

图 3-3-9 钢制跌水堰与储水池
（ ©J. Hoyer ）

图 3-3-10 雨水汇流路径
（ ©J. Hoyer ）

在这里，下雨时人们可以看到雨水从雨落管末端流出，涌入明沟后，在点缀有彩色玻璃的、由耐腐蚀高强度钢制作的跌水堰上潺潺流动，水花轻盈跳动于其上，最终流入装满砾石的地上或地下储水池内。建筑与渠槽之间均布置有装饰性植物，以柔化建筑、雨洪收集槽的硬质边界。

夜晚的灯光设计也是该庭院景观的主要特点之一。除了沿建筑边缘、渠槽布置的串灯，点缀在锈色钢堰上的彩色玻璃颗粒在夜晚亦被点亮成各种颜色，流经的水流被灯光染映成不同颜色，塑造出神奇、多彩的景观氛围（见图3-3-11）。

Hoyt 住区庭院景观设计将雨水视为一种有趣的设计元素，通过雨洪管理措施的艺术化设计，极大地提高了公寓的环境质量。设计师借由雨落管、混凝土渠槽以及堰、储水池的组合实现了雨水收集的可视化。即使在非降雨时节，从屋顶到地面储水池的整套雨洪管理系统也能使居民获得水流的暗示。而这种感受，在夜晚又通过照明设计进一步得到了强化。Koch 景观设计事务所首席设计师 Steven Koch 这样说：“消除雨洪的影响有很多方式，但是传统工程化的方法丢失了文化和审美元素，而这个项目的设计将滞留雨洪和愉悦居民有机地融合起来。

图 3-3-11 降雨时庭院内的雨洪景观
（ © Koch Landscape Archit ）

广场低影响开发雨水系统构建途径案例——荷兰鹿特丹市广场

由于荷兰鹿特丹市地面高程低于海平面2米，全球气候变化所导致的海平面上升，使得鹿特丹市向堤外排水的效率降低，城市内涝风险增高。在上述背景下，鹿特丹市除了采取加高海堤、提高泵站排水能力等传统做法外，还非常注重城市内储水设施的设计和增建。城市建设管理部门要求每个开发建设的新片区均需要配备雨水缓滞区，而在密集的城市中心区则增建水广场、水街道等多功能融合的雨洪管理措施。

“水广场”是一个非常具有创新性和功能融合性的措施，由De Urbanisten和Studio Marco Vermeulen两个事务所联合开发设计。此措施不仅能够进行雨洪管理，而且可以提供多样的活动空间，提升环境的景观品质。“水广场”在不同时节所承担的功能不同，非雨季这里是公共活动空间，而在雨季则成为暂时蓄滞雨洪的场所。

具体而言，水广场由一个运动场和一个活动场共同构成。广场设计标高低于周围环境近1米，四周由阶梯围合，可供游人驻足观景。在一年近90%的时间里，该广场与传统广场功能相似，供市民游人游憩、聚会。只有在雨季，广场功能才会发生转变，接收外围汇集过来的雨水径流。汇集过程从活动场开始，雨水首先填满活动场地内精心安排的“孔洞”，渐渐地随着径流的增多，在场地中预留的沟槽内形成溪、河，乃至在下凹地块中形成水池。只有当降雨量超过了活动场的设计标准时，广场管理者才会选择将径流导入运动场中（见图3-3-12）。根据计算，整个水广场可以容纳最多1 000 m^3的雨水。待雨停后，根据水务部门的统筹协调，场地内蓄滞的雨水才会缓缓流出，排入城市地下管网。由此可见，水广场具有明显的蓄滞雨洪、错峰调洪功能，对调节城市水文循环、降低排涝压力作用明显，尤其在应对短时集中强降雨时，其功效则更为突出。

由此可见，景观设计师在水广场中设计的曲线沟槽、层级台地以及趣味孔洞等，不仅可满足市民聚会、休闲、观景等日常活动需求，而且在雨季储水后还可为游客创造戏水、划船等水上活动空间，巧妙地丰富了广场内的活动内容和视觉变化（见图3-3-13～图3-3-15）。

此外，在水广场建成前，鹿特丹市政府相关部门还专门为在社区建造水广场举办了市民听证会，邀请市民针对具体的设计方案和对所牵扯地区的潜在影响进行详细探讨。由于部分市民对水广场作为游憩场所的安全性存在疑虑，担心降雨突袭给正在广场中游憩人员造成安全威胁，设计师在广场内增设了预警系统，通过预警灯颜色的改变，进行天气、水情预警，对广场中是否有水、水位是多少进行预报，以使广场的安全性得到更好的保障（见图3-3-16）。

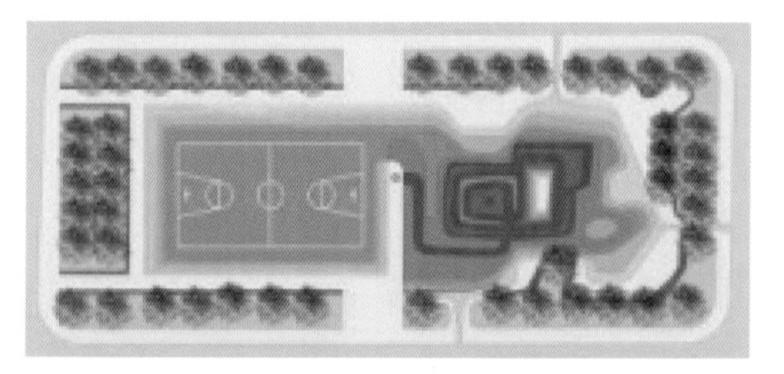

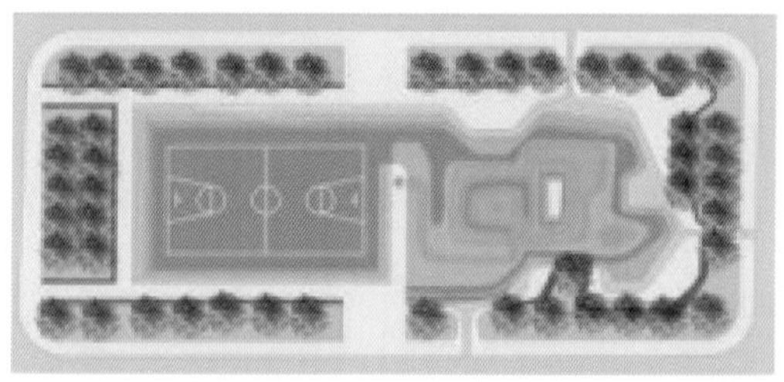

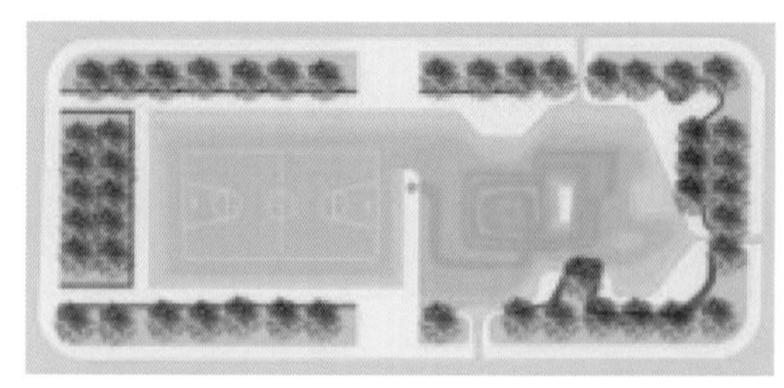

图3-3-12 不同降雨条件下“水广场”的淹没情况（© De Urbanisten）

图 3-3-13 旱季时的“水广场”
（© De Urbanisten）

图 3-3-14 常降雨条件下的“水广场”
（© De Urbanisten）

图 3-3-15 强降雨条件下的“水广场”
（© De Urbanisten）

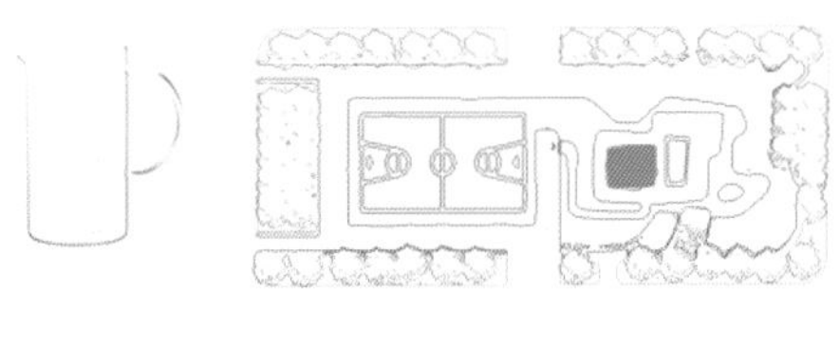

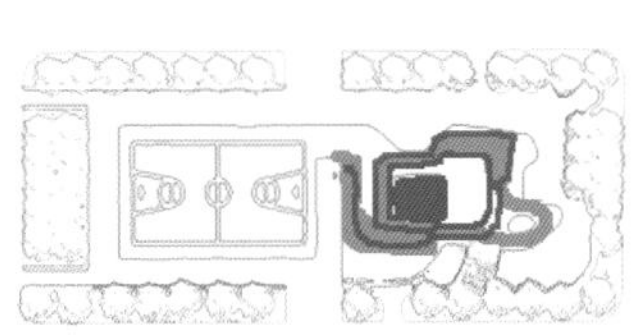

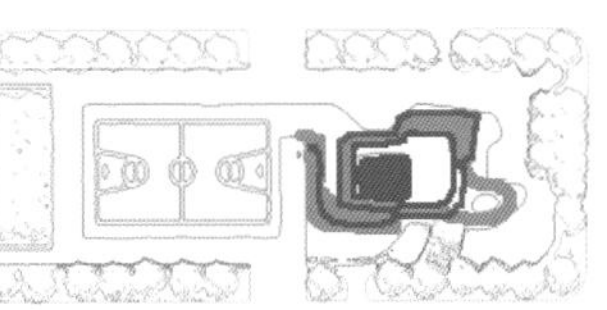

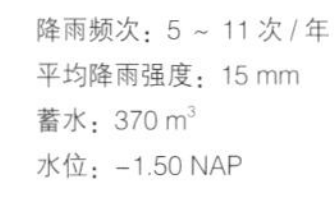

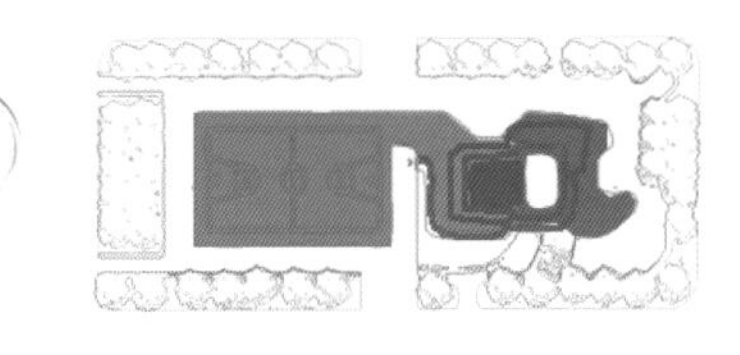

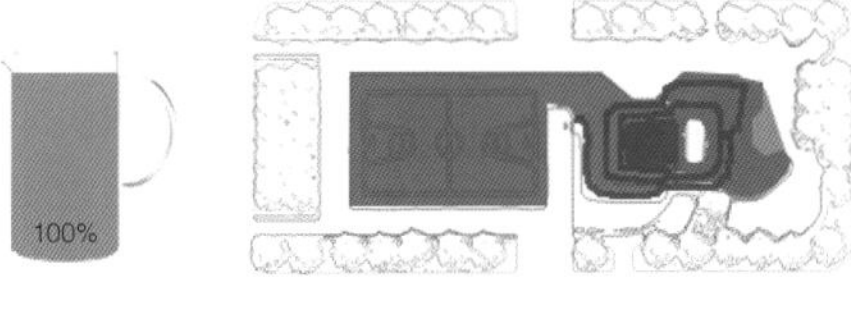

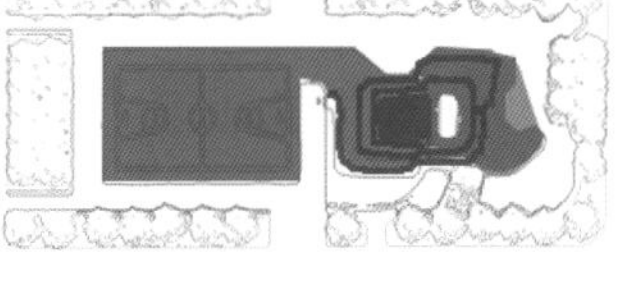

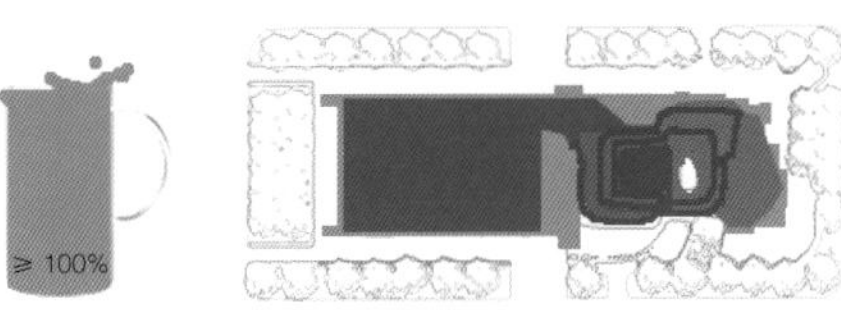

注：NAP, 荷兰语 Normaal Amsterdams Peil, 阿姆斯特丹水平面（欧洲海拔零点）。

图 3-3-16 不同降雨强度下水广场储存的雨水量和淹没情况

公园低影响开发雨水系统构建途径案例——美国坦纳溪公园

坦纳溪公园位于波特兰市中心，在过去的30年中，这片区域经历了从废旧工业区到新型宜居社区的转变。再往早溯源，这片区域因坦纳河穿流而过，曾是一片自然湿地，但后来随着城市工业的发展，为了工业产品的转移运输，坦纳河被埋在铁轨之下，成为城市排涝的暗河，湿地也随之逐渐消失。因此，虽然到了21世纪，工厂、建材厂大部分已外迁，这片区域仍遗留下来诸多铁路设施和工业设备，绿地面积严重不足。针对该区域缺少绿色生态空间的突出问题，2002年波特兰政府和波特兰公园与旅游管理局委托Peter Walker &Parters景观设计公司全面展开该地块乃至更大区域的生态复兴项目。

Peter Walker &Parters景观设计公司在波特兰市从市中心到城市北部的维拉米特河之间规划了三种不同类型的公园，以构建带状绿色廊道，促进城市生态修复。坦纳溪公园正是其中一个。公园设计以“重塑湿地风貌，为市民提供休闲场地”为设计理念（见图3-3-17），2003年开始规划设计，并聘请了包括德国Atelier Dreiseit景观事务所、波士顿本土的Greenworks PC景观事务所以及KPFF工程咨询公司等合作完成。

图3-3-17 坦纳溪公园鸟瞰图（自东向西规划了三个景观区，分别是北侧的集水塘、中部的自然沼泽区以及南侧的草坪绿地区）（© J. Hoyer）

坦纳溪公园景观设计以文脉延续和生态修复为核心设计思路。一方面，通过景观小品的设计，保留场地历史记忆；另一方面，则结合地形塑造，效仿自然水循环过程，通过一套雨水管理系统的构建，塑造出生境类型多样的公园环境。

公园南高北低，设计师结合现状地势，在园中规划了若干条自然趣味十足的植草沟，蜿蜒地自南向北汇入园内北侧的集水塘。集水塘不仅仅是场地景观环境塑造的需要，呼应了地块曾为自然湿地的历史，而且也是在充分考虑了项目所在地土壤下渗率偏低，雨水径流难以下渗的实际情况而设计的。整个雨水管理调节模式为：植草沟收集公园四周地面、道路、建筑屋面产生的雨水径流，输送至公园北侧的集水塘（见图 3-3-18）。在这个过程中，雨水径流通过沿途的湿地植物群得以净化，少量被土壤吸收。集水塘中的池水通过蒸发，改善场地温、湿度。在降雨强度超过公园设计能力的时候，集水塘中的水便通过溢流口进入市政管网系统。为避免园内水流缓慢甚至停滞所可能造成的水体恶化问题，公园规划设计了一个小型泵站（如图 3-3-19），根据需要适时将集水塘中的水泵至集水塘上游多条植草沟流经的绿地中，再经由植草沟重返集水塘。沿途水流经过植物根系得以净化。下雨时，雨水逐渐从园外的道路、屋顶潺潺汇入园内溪流和集水塘中，有效地为公园营造出欢愉的氛围（见图 3-3-20），对于儿童而言更富有探索的乐趣。坦纳溪公园另一个突出的景观特点便是锈色的“艺术墙”（见图 3-3-21）。为了保留场地曾为工业区的历史印记，场地内遗留的铁轨未被丢弃，而是竖起来构成艺术墙。墙体呈波浪形排列，以效仿湿地芦苇摇曳的姿态。铁轨的间隙用蓝色玻璃镶嵌，并由 Herbert Dreiseitl 在玻璃上绘制了湿地动植物的卡通图案（见图 3-3-22）。清晨，池水与蓝色玻璃反射阳光，营造出奇幻的景观氛围。集水塘一侧为游步道，满足游人的亲水需求。游步道蜿蜒曲折，与集水塘的岸线有机融合（见图 3-3-23）。集水塘东侧为铺有草皮的台地，为游人和周围居民提供了静坐、聚会、看书等的活动空间（见图 3-3-24）。

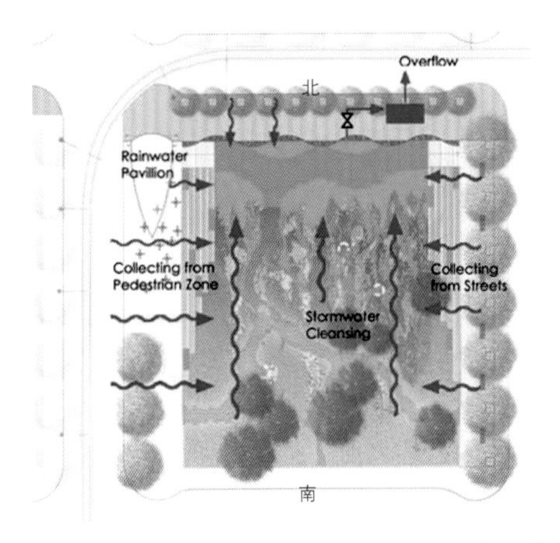

图 3-3-18 园内水流循环模式图
（© J. Hoyer）

图 3-3-19 树叶形态的景观泵站
（© J. Hoyer）

图 3-3-20 多样的水景形式吸引孩子戏水、游憩
（© J. Hoyer）

图 3-3-21 艺术墙的景观效果
（© J. Hoyer）

图 3-3-22 镶嵌于玻璃中的动物卡通图案
（© J. Hoyer）

图 3-3-23 集水塘上的游步道
（© J. Hoyer）

图 3-3-24 园内南侧台地是游人观景、静读、聚会的好选择
（© J. Hoyer）

由此可见，坦纳溪公园将雨水作为核心设计元素，将雨洪管理功能、景观审美特性与游憩休闲需求有机融合。置身园内，形式多样的水景、蜿蜒于水景中的小路、小桥不仅为游人提供了极佳的亲水、戏水的场所，而且能够使人们在高度密集的城市空间中感受到自然景观的舒适怡然。

商业区低影响开发雨水系统构建途径案例——德国波兹坦广场

早在 1838 年，伴随德国柏林波兹坦火车站的建成，波兹坦就成为德国乃至整个欧洲重要的商业中心。高峰日最大人流量达 83 000 人 / 天。在这里，建筑不断增加，建设密度日渐增强，波兹坦成为典型的城市集约建设区。然而，第二次世界大战期间，这里几乎被完全破坏。直至 1991 年德国政府才开启了波兹坦商业区复兴计划。

“水”在该区的复兴规划中占有重要地位。景观设计师Herbert Dreiseitl 承担了该区水系统的规划设计工作，并提出景观的形式设计与雨水的收集、处理、再利用过程相结合的设计概念。他认为，商业中心高楼大厦下的空间，虽受建筑遮挡常显阴暗，却是商业区重要的交往、休憩空间。雨水可为这样的空间增加丰富的乐趣（见图 3-3-25）。

由于该区硬质化程度非常高，为降低内涝风险，减少对于市政排水管网的依赖，Herbert Dreiseitl 规划设计了一套雨水管理系统。系统由绿色屋顶、5 个地下储水箱、呈三角形的人工水池、水池南北两侧的折线形沟渠以及若干泵组成。地下储水箱规模根据其服务的汇水分区面积确定，共可容纳 2 600 m³ 的雨水。下雨时，径流不断从建筑屋顶、场地中的硬质地面向地表水池和地下储水箱中汇集，经净化处理、泵站提升向建筑提供冲厕中水、消防用水、向室外空间提供景观需水、灌溉用水等（见图 3-3-26 和图 3-3-27）。

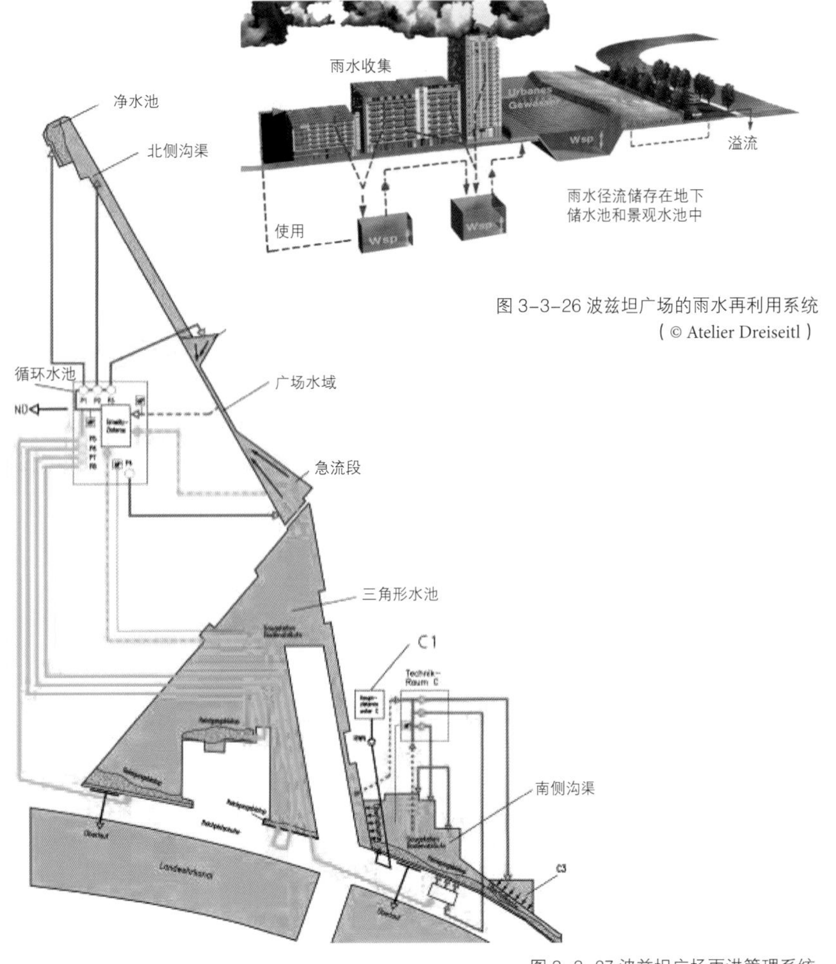

图 3-3-26 波兹坦广场的雨水再利用系统
（© Atelier Dreiseitl）

图 3-3-25 波兹坦广场鸟瞰
（© J. Lee）

图 3-3-27 波兹坦广场雨洪管理系统
（© Atelier Dreiseitl）

三角形中央水池是整个商业空间景观设计的重点（见图 3-3-28）。水池最深处有 2m，而边缘处水深仅有几厘米，以保障芦苇等水生植物的生长。水池的面积、深度、形式均借助计算机模拟软件通过水力停留时间、水循环速率、水量平衡的核算进行优化，以保障其在整个雨水循环系统中发挥所需的储水、过滤功能。此外，该集中水面对于小环境的微气候改善亦具有明显作用。每年水池的蒸发量据监测有 11 570 m^3，该数值几乎等于年降雨量的一半，对于城市中心高强度建设区而言旱季增加湿度、夏季降温具有一定作用。

由中央水池，水流沿南北两侧沟渠流动。北支沟渠较窄，一侧为步行道，另一侧为城市车行道。为进行空间界定，保障慢行通道的舒适度，设计师沿沟渠近车行道一侧置石并密植芦苇，采用自然化设计形式遮挡视线，这一措施对于削减车行噪声亦具有一定功效（见图 3-3-29）。南侧沟渠相对较宽，将两侧建筑投影于其中，以创意雕塑点缀于沿途，城市现代景观氛围浓重。由于景观设计师对渠底进行了有秩序性的起伏设计（见图 3-3-30），虽然起伏非常微小，但使水流流态富于变化，形成一定律动感。沟渠驳岸形式或自然柔和，从生芦苇植于岸线；或人工精致，以折线形亲水平台的形式向游人提供近水戏水空间。沟渠两岸由几座景观桥连接，行走其上，游人可感受穿行于芦苇丛中的乐趣，亦可从另一个角度欣赏这里的水景（见图 3-3-31）。

图 3-3-28 三角形中央水池
（左：© J. Lee ， 右：©L. Kronawitter）

图 3-3-29 北支沟渠景观效果
（© J. Lee）

图 3-3-30 南支沟渠景观效果
（© J. Lee）

图 3-3-31 丛生芦苇植于岸线
（© J. Lee）

由此可见，波兹坦商业区景观设计的成功之处便在于一套完整雨水收集再利用系统的合理构建。建设前期计算机辅助的模拟核算保障了该设计的科学合理性，供需水量稳定平衡、水体净化生态有效；而建设完成后，及时有效的水质、水位监测措施又进一步保障了雨水系统长期稳固的工作运转。不仅如此，结合雨水系统塑造的水景观巧妙地沟通了建筑内外空间，使室外活动空间与室内工作空间相互渗透，空间感受完整，而又不乏变化。

3.4 海绵城市规划设计要则

为实现城市雨洪管理的“弹性”与城市规划建设“生态性”的融合，海绵城市的规划设计方案应以构建弹性海绵系统、创造宜人的景观感受、满足多重功能需求以及综合多专业、多系统复合、联动作为四项基本要则（见表3-4-1）。

3.4.1 构建弹性海绵系统

区别于城市中传统的依靠地下管网外排雨水的单一机械模式，海绵系统的构建首先要在了解场地或区域现有雨水管控模式情况和问题的基础上，充分利用可能的机会和条件，增加低影响开发措施、系统的使用，促使城市雨水的循环过程或者说管理方式向更接近于自然水循环模式的方向转变，形成以雨水大量蒸发、下渗，少量地表产流为特点的雨洪管理模式。其次，针对可能出现的超过雨水管渠系统设计标准的强降雨，海绵系统还应通过自然或人工途径，综合选择自然水体、多功能调蓄水体、行泄通道以及滞洪区等完成超标雨水径流排放系统的构建。前者注重对城市健康自然水循环过程的修复，强调自然做功力量。例如第2章介绍的美国波特兰市 The Grey to Green Initiative 做法；后者则更依靠于定量的水文过程分析和科学合理的上层规划。例如美国波士顿的“翡翠项链”公园系统（见图3-4-1和图3-4-2），以河流洪泛安全作为定界依据保留自然空间，利用61～457 m宽的绿地，将数个公园连成一体，环绕在城市周围，提高城市水安全能力。低影响开发系统与超标雨水径流排放系统彼此配合协调，实现城市雨洪的“弹性”管理。

海绵系统构建所能采用的措施远不限于第2章所述的内容，所有能够实现减少地表产流或者能够减缓径流汇集速度的措施均适用于海绵城市建设，但是，源头管理、低环境干扰的思想应贯彻在规划设计直至建设的完整过程中，方可保障海绵系统效能的充分发挥。

表3-4-1 海绵城市规划设计要则细化

序号	要则	细化内容
1	构建弹性海绵系统	分散式低影响开发措施的广泛运用，使城市水循环过程更趋近于自然过程
		应对超过管渠系统设计标准强降雨的大排水系统，实现海绵的“弹性”管控
		将“源头削减”“过程传输”以及“末端调蓄”城市水循环过程的三个阶段全部纳入设计与建设的范畴中
2	创造宜人的景观氛围	注重对于雨水循环过程的景观化展示，注重雨水流动性特点的展示，以提高公众对于水资源、水环境的认知度
		强调环境融入，针对场地功能定位、环境特点采用不同的处理方式
3	满足多重功能需求	初始的、基本的雨洪管理功能需要实现，且功效要明显
		了解场地存在的其他问题，尽可能通过雨水管理措施的设计兼顾解决，例如雨洪管理与生境营造的兼顾、与土壤改良的兼顾以及与休闲游憩的兼顾等
4	综合多专业、多系统复合、联动	多学科领域人员的密切合作、多专业领域技术手段的综合运用
		城市多个管理部门的协调合作

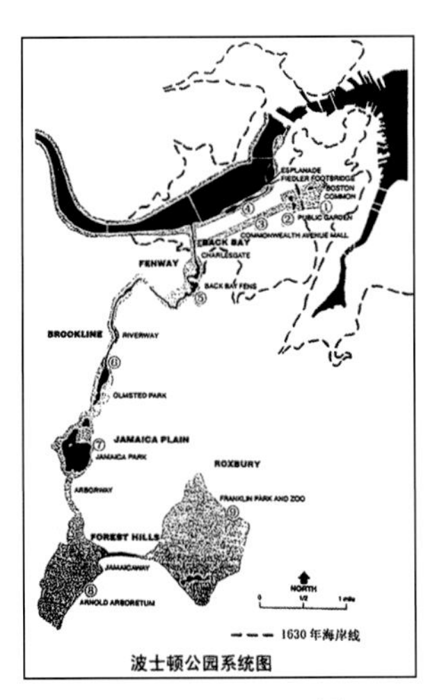

(1) 波士顿公园
(2) 公共花园
(3) 马省林荫道
(4) 滨河绿带，又称查尔斯河滨公园
(5) 后湾沼泽地
(6) 河道景区和奥姆斯特德公园，又称浑河改造工程
(7) 牙买加公园
(8) 阿诺德植物园
(9) 富兰克林公园

图 3-4-1 "翡翠项链"公园系统

图 3-4-2 波士顿公园

3.4.2 创造宜人的景观氛围

"海绵"是对雨水"可存可用"方式的恰当比喻。海绵城市建设的提出力促城市雨洪管理观念的转变，强调了雨水的资源性。而这种资源性除了作为"水"本身的使用价值，改善城市环境、创造宜人景观也是雨水资源价值非常重要的一部分。

传统地下管道的排雨方式，雨水在人们视线的之外，逐渐被我们忽视。直至城市看"海"现象的出现，它才以消极的方式得到了广泛关注。海绵城市"源头处理""就地处理"的根本思路，通过低影响开发措施使得雨洪管理的空间从地下向地上转移。雨水在城市完整空间中的循环过程正变得日益"可视化"。因此，海绵城市所提倡的雨洪管理绝不仅仅是一个涵盖雨洪调蓄、水质净化以及资源保护等的技术科学，它还是一个"设计"问题。当雨水成为城市环境中一个可见的自然要素，充分利用它的流动性、自然性去提升城市空间品质、改善城市环境质量，并使市民从中获得乐趣和享受，成为海绵城市景观规划设计不可缺少的内容之一。同时，雨水循环过程的地上"展示"亦有助于提高市民对于雨水循环过程的认识，加强其对于水环境的关注度，提升环保意识。

海绵城市雨洪管理系统规划、措施设计，既要强调雨水资源化的创造性、灵活性运用，同时也要非常关注其与环境的融入度。分散化的雨洪管理措施并不拘泥于自然形式，任何与周围环境呼应、能够发挥预期功能的海绵系统或措施，都是可行的。

3.4.3 满足多重功能需求

海绵系统及措施的规划设计应首先满足初始的雨洪管理意图和需求。在对场地包括地形、土壤渗透性、地下水位、水质等要素进行充分分析的基础上，明确场地存在的水环境问题及可改善的潜质，是提高规划设计方案与基地条件适应度、保障预期功能发挥的重要基础。

在满足场地需求和特性的过程中，规划设计人员会对雨洪管理技术措施的基本构造做法、材料选取等方面进行调整、创新，而不同措施的组合运用更创造出多种多样的可能，从而使得海绵系统、措施不仅满足最初的水量控制、水质改善需要，而且能营造多样生境、提供休闲娱乐以及改善场地微气候等多重功能需求。例如，德国纽伦堡市中心的 Prisma 商住混用社区，由于整个场地的下垫面全部被建筑和地下停车场占据，场地渗透系数为 0，为满足德国环保部门提出的场地建设后产流量不增加的要求，Atelier Dreiseitl 景观设计事务所和 Joachim Elbe 建筑设计事务所联合，创造了一个雨水收集利用、景观营造和室内微气候改善功能融为一体的雨洪管理系统。具体方法是，利用地下停车空间设置 240㎥ 的地下储水箱来收集场地中建筑和路面的径流。收集的径流根据需要参与两个不同的循环再利用线路。线路一，用泵提升水流，灌溉建筑外立面上种植的植物；线路二，打造人工水景观，调节建筑主体外附属阳光房的室内微气候（见图 3-4-3 和图 3-4-4）。在建筑附属阳光房南侧外墙设置五个跌水景观墙，景观墙由玻璃外壳和中心心墙组成，心墙南北两面均与外壳间留有一定宽度的空隙，心墙有彩色马赛克饰面，外壳南北两面底部分别有进水口和出水口。水流从南面进水口泵入，沿空隙上升至心墙顶部后转而下泄，经室内出水口流出汇至阳光房内下凹绿地景观中（见图 3-4-5 和图 3-4-6）。该设计利用水体的流动、集水的下凹绿地极大地丰富了阳光房室内的景观效果，而且对于阳光房内气候的调节起到了重要作用。夏季，水流可以降低水墙空隙内的空气温度，待其被压入室内后，通风换气降低室内温度。水墙的实际运行效果与设计前期水墙空气调节能力的模拟结果相符，夏季降温效果可达 3 ℃。

海绵城市的规划设计应充分激活雨洪管理措施的不同功能特点，促进功能的联合和延展，使之在解决城市内涝问题的同时为旧城更新、城市复兴发展发挥重要作用。

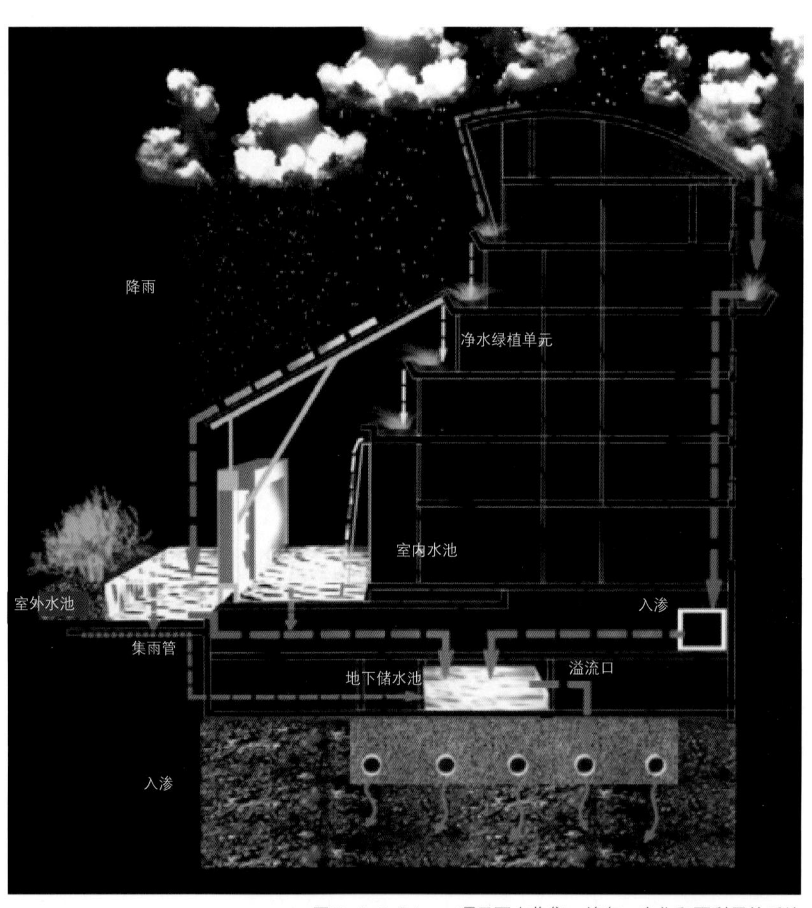

图 3-4-3 Prisma 项目雨水收集、储存、净化和再利用的系统
（©Atelier Dreiseitl）

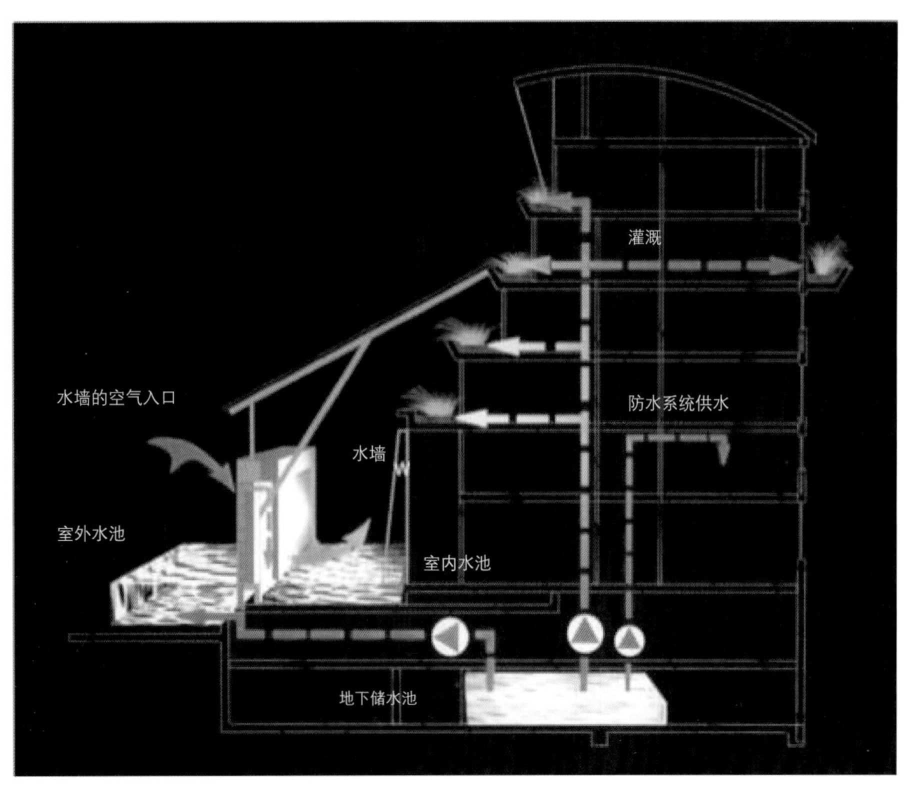

图 3-4-4 Prisma 项目收集的雨水用于建筑绿化灌溉和水景塑造
（©Atelier Dreiseitl）

图 3-4-5 以彩色马赛克装饰的水墙景观效果
（©J. Hoyer）

图 3-4-6 水墙调节空气温湿度的作用原理
（©Atelier Dreiseitl）

3.4.4 综合多专业、多系统的复合、联动

海绵城市以健康、自然的雨水循环系统的修复、构建为核心，关注城市完整水文循环全过程的整体性。“弹性”的核心特点，将“源头削减”“过程传输”以及“末端调蓄”城市水循环过程的三个阶段全部纳入设计与建设的范畴中，涉及生态化的、绿色的低影响开发措施，也涵盖管网、大排水系统等灰色基础设施。因此，海绵城市的规划设计不可避免地与水利工程、环境工程、市政工程、城市规划、城市设计以及景观规划设计等多领域知识密切相关。例如，水文学研究中常用的 SWMM 模型，对于中小尺度场地海绵系统构建方案的形成、校核具有较强的辅助作用。SWMM 全名为 Storm Water Management Model，是 1971 年由美国环境保护局主持开发的城市雨洪管理计算机模拟程序，它主要用于模拟城市区域动态降雨——径流，得到径流水量和水质的短期及连续性结果。近年来，使用 SWMM 进行城市雨洪问题的研究也越来越多。研究人员、规划设计人员可依据 SWMM 模型获得不同降雨条件下场地的积水点位置、积水深度、城市市政排水系统的盲点等信息，由此指导海绵方案的形成。SWMM 模型内载有 LID 模块，提供了包括第二章所介绍的生态滞蓄池、植草沟、渗透沟、渗透铺装、集水箱等在内的多种雨洪管理措施的数字模块。利用该模型，可获得海绵系统构建前后场地产流量、峰值流量的变化率，峰值错后时间等多项指标。这些指标均可作为系统有效性的考核因素。水文计算模型结合规划设计，简单便捷，可以对系统建成后的效果进行预测，极大地避免了规划设计的盲目性。第四章的第三个案例会结合具体项目介绍该软件辅助设计的使用方法。

此外，除了多专业的联合，研究人员、设计师以及城市建设管理者间的协调合作对于海绵城市建设而言也非常重要。这可以保障海绵城市建设所倡导的“规划引领、安全为重、生态优先、因地制宜、统筹建设”原则贯彻在建设的各个阶段，保障方案的高效落实。

我国海绵城市的建设尚处于起步阶段，但得到了来自政府的大力支持和公众的广泛认可，成为“十三五”阶段城市规划建设的主要内容之一。本书下一章中，将结合天津大学建筑学院曹磊教授工作室主持设计的四个不同类型的海绵城市景观规划设计代表项目，对海绵城市规划设计的四项要则进行更为系统化的解读，以期为从事海绵城市建设的决策部门、一线设计建设部门、管理部门以及从事相关研究的广大师生提供参考。

第 4 章 实践案例研究

CHAPTER Ⅳ

CASES STUDIES

4.1 概述

本章通过对四个建成项目进行系统化介绍，展示构建“自然积存、自然渗透、自然净化”海绵体的规划设计方法。四个实践项目呈现了在不同场地、不同规模以及不同定位的项目中，生态化雨洪管理措施的景观化应用及差异化的处理方法，为海绵建设在各类项目中的展开提供指导。按照项目类型划分，四个项目涵盖了平原城市型、山地乡村型以及教学科研型，项目规模从中观尺度到微观尺度。

为便于读者对不同案例进行比较，四个案例采用统一的模式架构进行介绍分析，分为总体介绍、案例分析以及结论陈述三个部分。

总体介绍部分将以表格的形式简洁地说明项目的基本信息，包括项目地点、类型、核心目标、规划建设期、场地规模、使用功能以及所在区域的降雨条件等。

案例分析部分，首先对项目整体规划设计思路、策略、特点进行全面介绍，以此为基础，根据海绵城市建设的四点原则（详见第三章），进一步对规划设计方案进行分解，同时对照四点原则，有针对性地逐条阐述方案中的规划设计手法、景观处理方式等，并结合建成后的现场照片予以展示。本章所述案例均属复合型景观规划设计项目，融合审美需求、使用需求以及雨洪管理、水质净化需求等多要素，综合性、复杂性突出，因此采用上述案例分析模式不仅使阐述更加条理化、清晰化，且易于读者对海绵城市建设原则、方法加强理解。

结论陈述部分就项目的核心特点、成功要素及其可在同类项目中予以推广、借鉴的内容予以总结提炼，对项目提出进一步完善和发展的建议。

案例基本情况介绍见表 4-1-1。

表 4-1-1 案例基本情况介绍

项目名称	地点	海绵系统构建策略	景观营造特点
天津大学北洋园校区景观规划设计	天津市津南区	分区而治、内外联合	文脉延续与雨洪管理相结合
于庆成雕塑园景观规划与设计	天津市蓟县	因势利导、蓄排结合	特色山地乡村景观与雨洪管理相结合
阅读体验舱景观设计	天津市南开区	灰、绿基础设施耦合	阅读空间营造与雨洪管理相结合
建筑空间环境实验舱景观设计	天津市南开区	净污分管，开源节流	科研实验需求与雨洪管理相结合

4.2 天津大学北洋园校区景观规划设计

项目类型	从文脉延续与生态持续出发的新校园景观规划设计
项目地点	天津市津南区海河教育园区
设计方	天津大学建筑设计与城市规划研究总院风景园林院
设计人	曹磊 王焱 付建光 沈悦 代喆 刘志波 王忠轩 宗菲 叶郁 郝钰 高哲 张梦蕾 李相逸
核心内容	将“传承百年老校的文化基因、融合景观生态技术”作为核心设计理念贯彻始终。通过绿地系统、水系统的系统化、科学化、艺术化规划设计，既实现了常规雨水的合理利用，雨洪水的安全外排，也充分体现以学生成长为中心，学科的集聚与融合、教学和科研融合、学生和老师融合的“一个中心、三个融合”的规划思想
建设期	规划设计：2012 年，建设施工：2015 年
场地信息	建设用地总面积：2.5 km^2 总建筑面积：155 万 m^2 水面面积：154 390 m^2 规划总人口：3.5 万人，其中学生 3 万，教职工 0.5 万人 场地水文环境情况：项目所在地有先锋排污河、卫津河穿过；地下水位较高，约为大沽高程 1.4m，且地下水矿化度较高；区内土壤由海积与河流冲积物形成，以重盐化潮湿土与盐化潮湿土为主，土质盐碱，pH 值约为 8.0
降雨条件	天津市多年平均降水量为 602.9 mm。夏季降雨量最多，占全年的 78.5%，且都集中在七至八月份，约占全年的 58%

4.2.1 案例阐述

天津大学前身为北洋西学学堂。1895 年光绪皇帝御笔钦准成立天津北洋西学学堂。同年 10 月 2 日，学堂在天津北运河畔大营门博文书院旧址成立，中国近代的第一所大学自此诞生。在盛宣怀“自强首在储才，储才必先兴学”的主张下，以“兴学强国”为使命的北洋学堂在创办之初，便与国家经济、政治、军事的需要紧密联系在一起，仿照美国大学的办学模式，全面系统地学习西学，分设律例、工程、矿冶和机械四学科。1912 年，北洋西学学堂更名为北洋大学校，直属教育部。1917 年，北洋大学与北京大学科系调整，法科并至北京大学，北京大学工科移并北洋大学，自此，北洋大学进入穷理振工的专办工科时期。1937 年，7 月 30 日天津沦陷。北洋大学与北平大学、北平师范大学（即现在的北京师范大学）一同迁至陕西城固县的七星寺，成立西北联合大学。筚路褴褛中，学校坚持严格办学，教师坚持正常授课，北洋学子在艰苦的条件下不分昼夜、坚持苦学，留下了“七星灯火”的佳话。1949 年 4 月，北洋大学在原校址正式开学复课，设立理学院、工学院，进入理工结合时期。1951 年，北洋大学与河北工学院合并，定名为天津大学，此时设立有土木、水利、采矿、纺织、冶金、机械、电机、化工、地质、数学、物理共 11 个系。1952 年，全国高等院校院系调整后，天津大学从北运河畔迁至天津南开区七里台校址（见图 4-2-1 和图 4-2-2）。1959 年，该校由中共中央首批确定为 16 所国家重点大学之一。改革开放后，天津大学提出了把学校办成理工结合的综合性大学的建设目标，调整系科设置，兴办理科专业和理工结合的新专业，加强基础理论和技术基础。1995 年 5 月，天津大学通过国家“211 工程”部门预审，成为中国首批建设的重点大学之一。2000 年，天津大学入选“985 工程”建设高校，进入了全新、快速的发展时期。

由此可见，天津大学的人文精神可以用“历史悠久、积淀深厚、人才辈出、实事求是、知书育人、中西交融”24 字提炼概括。

历史悠久——1895 年，光绪皇帝御笔钦准成立天津北洋西学学堂，校址在天津北运河畔大营门博文书院旧址。从此诞生了中国近代的第一所大学。北洋大学因救国而生，为强国而建，与民族、国家共度艰辛，同享荣辱。虽历经艰难，尤不改往日初衷，“从不纸上逞空谈，要实地把中华改造”。院校的调整，学科的分合，形成了以工为主，理工结合，经管文法等多学科协调发展的学科布局。

积淀深厚——“花堤蔼蔼，北运滔滔，巍巍学府北洋高”，一部北洋校史见证了中国近代百年的荣辱沧桑。“自强首在储才，储才必先兴学”，法工结合，创高等教育之始，工程教育之先。悠悠北洋史，浓浓中华情，愿一心一德共扬校誉于无穷。穷学理，振科工，望前驱之英华卓荦，应后起之努力追踪。北运之水奔流百年不息，北洋血脉永续未来不朽，传承百年历史，延续传统基因血脉，基因相续，血脉相承，以崭新的形式面貌，面向世界，面向未来，赋予新生土地血脉的延续。

人才辈出——十年树木，百年树人，天大如同百年之古树，根深叶茂给养莘莘学子。琢玉成器树桃李，教育之树人形同水流之琢玉，滔滔北运磨砺谦谦之君子，蔼蔼花堤孕育天下之桃李。学校自创始以来即以振兴中华为己任，天大百年的发展史是一代代天大学子爱国奉献、不尚空谈的奋斗史，是实事求是、与时俱进的发展史。学校秉承传统，坚持德育为先，培养全面发展的创新人才。

实事求是——1914 年至 1920 年，爱国教育家赵天麟出任北洋大学校长。在其任职期间，总结北洋大学近二十年的办学经验，概括出“实事求是”的校训，并以之治校与育人，旨在办事求学务必据实证、求真谛，以实事求是的精神，对待科学知识，端正学风。对昔日的北洋大学和今天的天津大学在治学、育人诸方面都起到积极作用，产生了深远影响。“实事求是”的校训，是天津大学 120 年来生生不息的不竭动力，是凝聚天津大学海外校友的共同血脉，是天津大学的文化之魂。

知书育人——严谨治学，是北洋大学的光荣传统，意在对教师严格聘任、讲求真才实学，要有兢兢业业、诲人不倦、努力开创教学方法的敬业精神。天津大学将北洋大学时期严谨治学、严格教学的传统在实践中努力贯彻实施，使这一优良传统进一步发扬光大。天津大学在 120 年的办学历程中，把师德文化作为学校文化的核心，提出“以师德之优创天大之优”的理念和“忠诚不倦、业务精湛、挚爱学生、率先垂范”的师德目标培养出一批批优秀人才。

中西交融——创学之初，在历史发展的大趋势浪潮下，走兴学救国之路，学习西方办学模式，培养合乎时代发展需求的科技人才已成必然。1895 年盛宣怀在天津首创的“北洋西学学堂”是一所适应中国国情、以“西学体用”为指导的新型大学，也奠定了今日中西交融学风的根基。在以后的办学史上，天津大学进一步扩大国际学术交流与合作，博采各国之长，为我发展所用，提高了天津大学在国际上的影响和声誉。

2010年，为满足学校建设“国际一流”大学的发展需求，教育部和天津市政府签署重点共建天津大学北洋园校区的框架协议，并将该校区的建设列入全市重点工程。

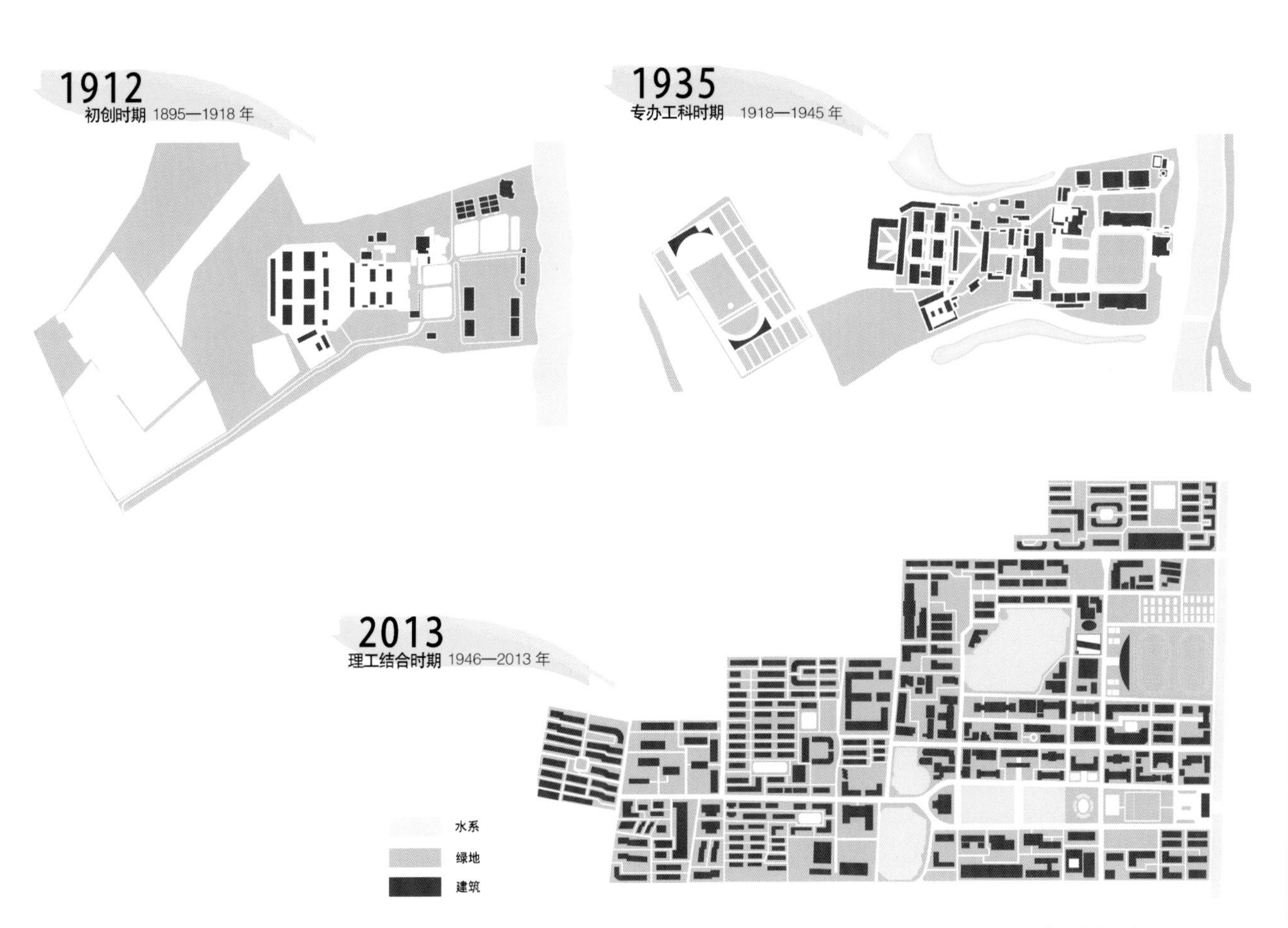

图 4-2-1 天津大学校址变迁平面示意图

北洋大学堂西沽武库校门

北洋大学堂西沽校区教学楼

经过岁月洗礼的行政楼

北洋校领导与教师合影

北洋大学教授住宅

天津大學（原北洋大學）校訓

實事求是

公元一九八三年 茅以昇書

茅以升题写的“实事求是”

“实事求是”地刻

“实事求是”碑

留学生与天大教工

北洋学子课余生活

莘莘学子毕业

中西学者

历届外国教员

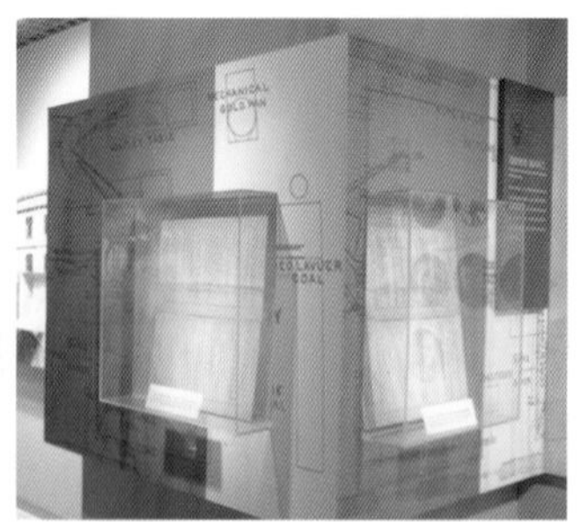

外文工程制图

注：上图中部分老照片摘自《北洋大学—天津大学校史》，部分彩图由作者拍摄自天津大学校史馆

图 4-2-2 天津大学老照片

天津大学北洋园校区选址于海河中游南岸，位于天津市中心城区和滨海新区之间的海河教育园中部，生态绿廊的西侧，规划总用地面积约 2.5 km^2，总建筑面积 155 万 m^2（见图 4-2-3）。北洋园校区所在的天津市津南区属于温带半湿润季风性大陆气候，四季分明，春季干旱多风，夏季炎热多雨，秋季天高气爽，冬季寒冷干燥；年均降雨量 602.9 mm，降水随季节变化很不均匀，降雨量集中于 6—9 月，占全年降雨量的 78.5%。根据天津市水科院提供的相关资料显示，天津市 24 小时内降雨最高记录为 158.1 mm，1 小时内降雨最高记录为 92.9 mm；年均蒸发量为 163 ～ 1912 mm，全年最大蒸发量主要集中在 4—7 月份，为 2673.3 mm，尤以 5 月份蒸发最为强烈；全年主导风向为西南风，冬季西北风、北风盛行，夏季西南风、南风盛行。规划场地属于海积和冲积平原，地势低平，平均高程约为 2.5 m，土层较厚，由海积与河流冲击物形成，以重盐化潮土和盐化潮湿土为主，土质盐碱，pH 值约为 8。根据天津市规划局提供资料，津南地区地下水位一般为 0.8 ～ 1.5 m（2008 年大沽高程），校区建设基地内部平均地下水位为 1.4 m（2008 年大沽高程），地下水矿化度较高。项目场地内现有“两河一路”穿越，即先锋排污河、卫津河及白万路。白万路及先锋河堤防高程为 4.5 ～ 5.0 m。卫津河为城市二级排洪河道，底宽 10 m，河道流量约为 10 m^3/s，河底高程为 ±0.00 m，河堤高程 4.5 m。卫津河水质较好，河岸开阔，两侧为自然驳岸，沿线有近年种植的白蜡、国槐、毛白杨等，河内芦苇长势良好，岸线整体景观自然而单一。先锋河底宽 4 m，河道流量为 5.32 m^3/s，河底高程为 0.36 ～ 0.60 m，河堤高程为 4.5 m（见图 4-2-4 ～图 4-2-6）。

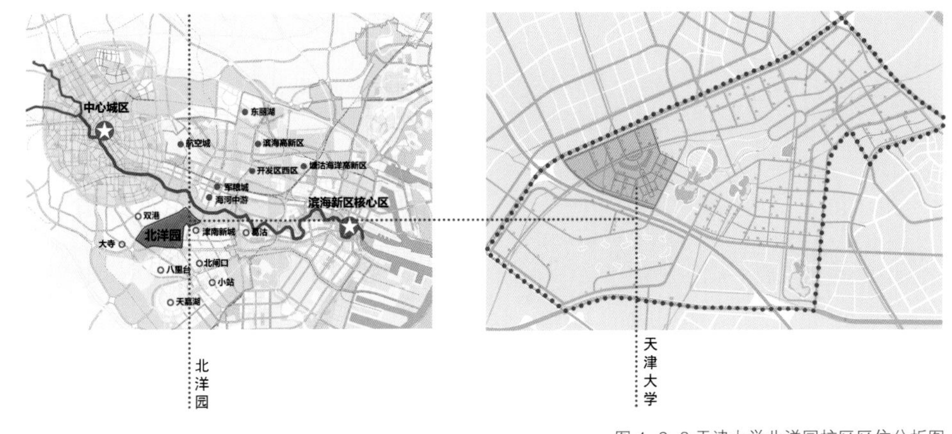

图 4-2-3 天津大学北洋园校区区位分析图

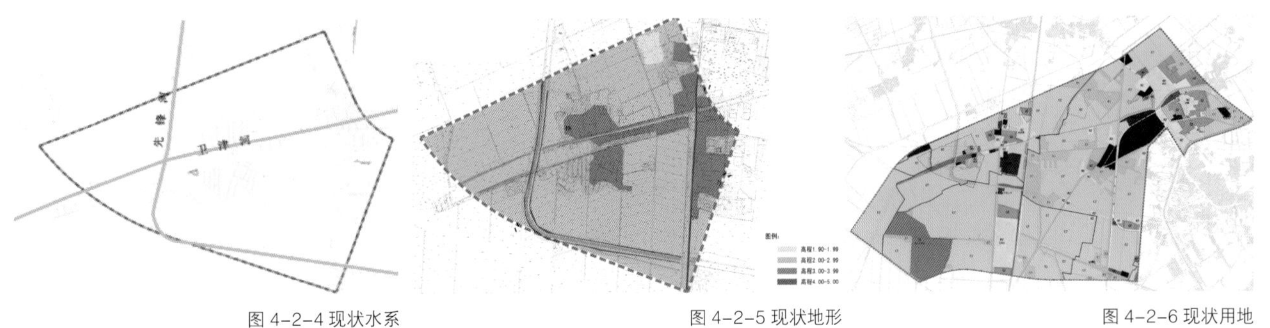

图 4-2-4 现状水系

图 4-2-5 现状地形

图 4-2-6 现状用地

天津大学北洋园校区总体规划以“一个中心、三个融合”为核心理念，即以学生成长为中心，形成学科的集聚与融合、教学和科研的融合、学生和教师的融合。为体现该规划理念，并传承七里台校区校园的结构模式，北洋园校区沿用东西向校园中轴及正南北建筑布局，将公共教学楼、图书馆与学生中心等学生最常用的设施建设在中心轴线两侧，精心营造以学生公共活动为校园核心的中轴空间。中轴线始于东侧主大门，经校园标志性建筑——图书馆，止于校园中最大水面——青年湖。中轴线的南北两翼布置着六大类功能建筑构成的若干组团。同时，为了达到建设生态性绿色校园的目标，北洋园校区规划了“双环双湖”，即中心河、外环河、青年湖和龙园湿地。外环河由卫津河和先锋河改道而来，环绕校园外侧一周，作为护校河，取代冰冷的围墙，保障校园安全。更为重要的是，“双环双湖”的水系结构为校园生态化雨洪管理、水系统良性循环奠定了重要的基础。规划用地布局、规划水系、规划雨水管网及规划鸟瞰见图 4-2-7 ～图 4-2-10，景观设计草图、景观总平面图与鸟瞰图见图 4-2-11 ～图 4-2-13。

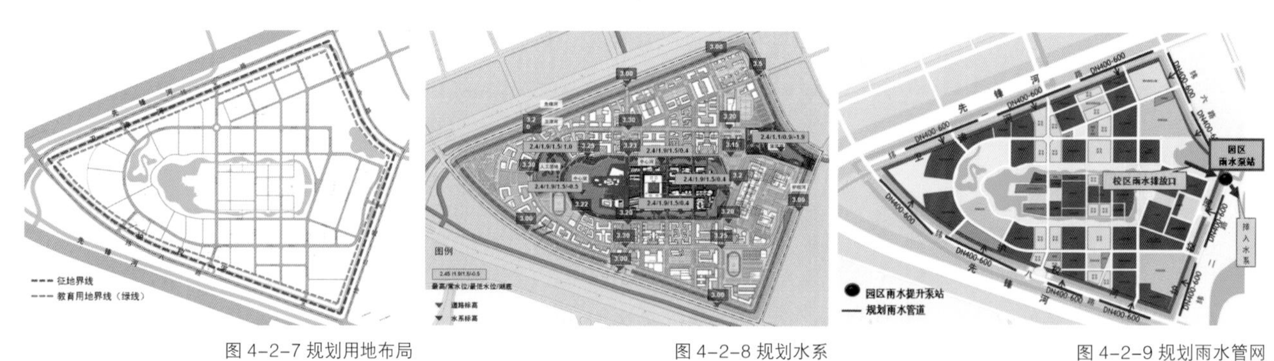

图 4-2-7 规划用地布局　图 4-2-8 规划水系　图 4-2-9 规划雨水管网

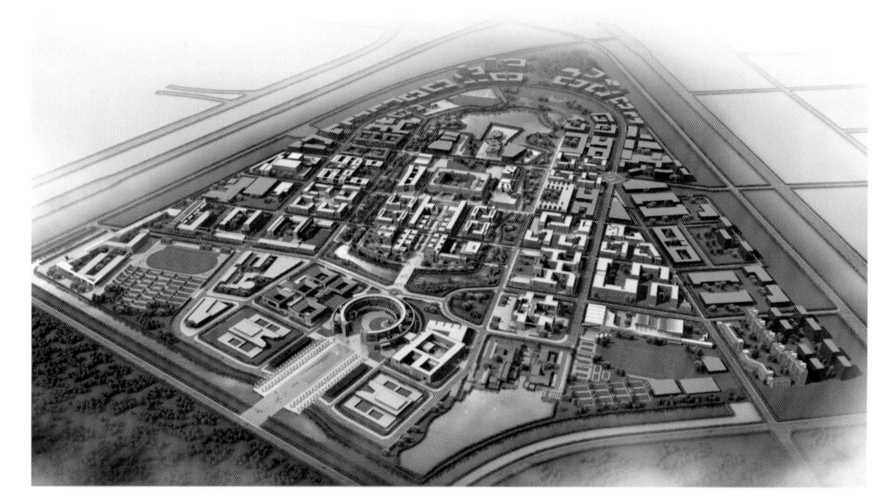

图 4-2-10 天津大学北洋园校区规划鸟瞰图

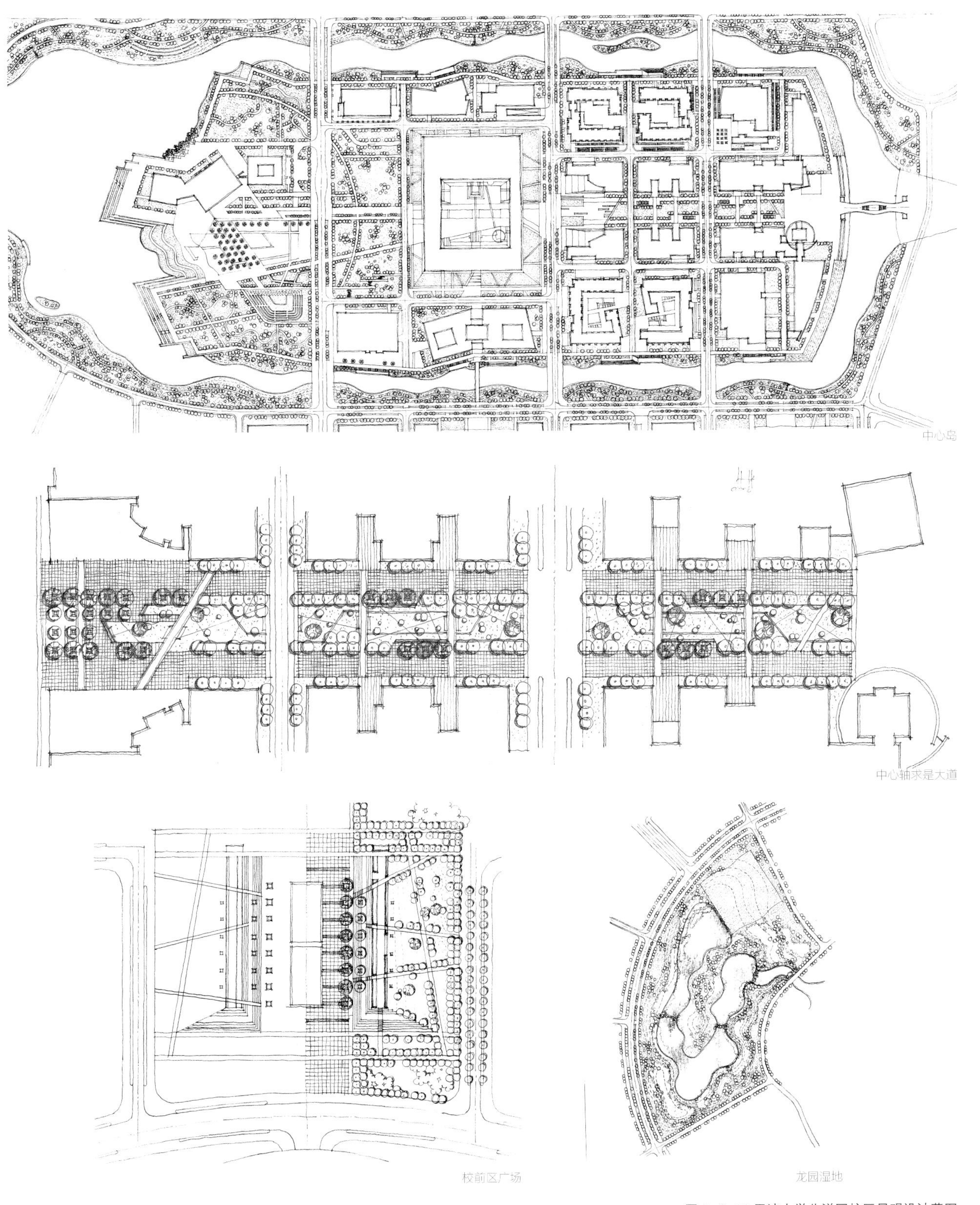

图 4-2-11 天津大学北洋园校区景观设计草图

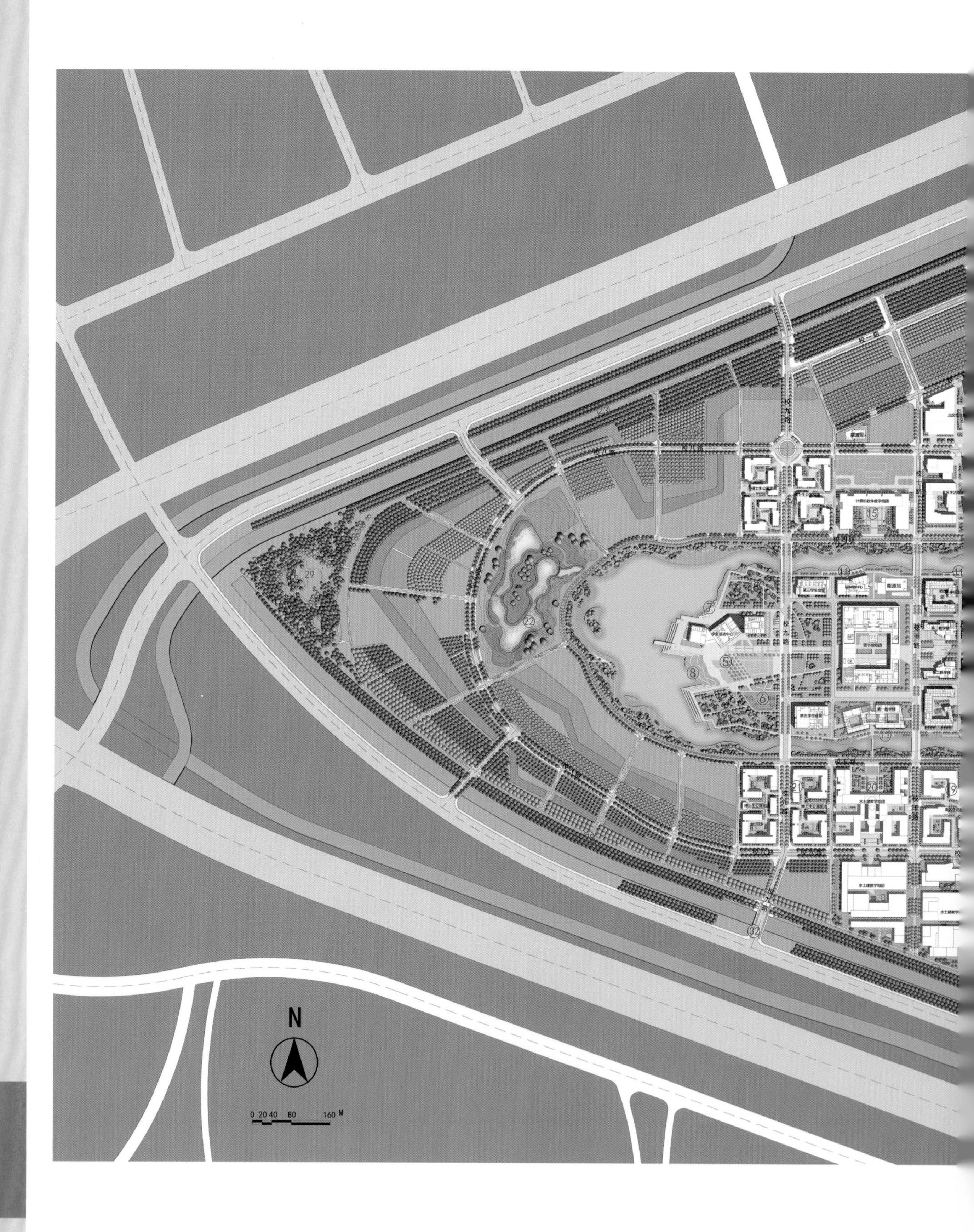

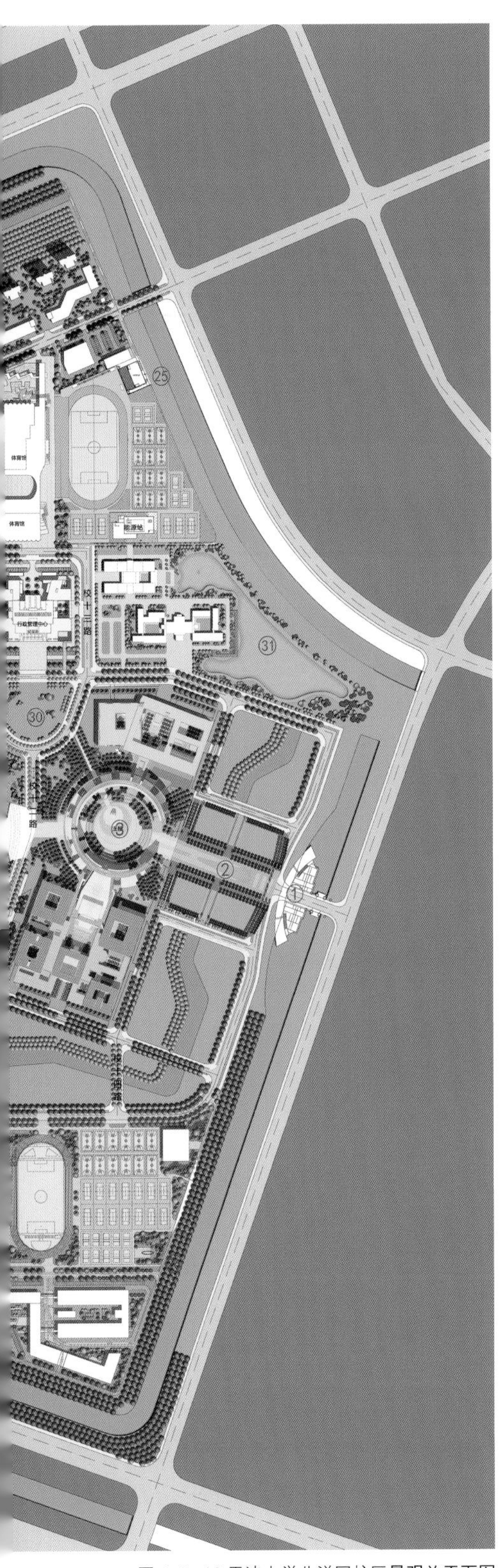

图 4-2-12 天津大学北洋园校区景观总平面图

1 行政主入口
2 北洋广场
3 宣怀广场
4 求是大道
5 太雷广场
6 音乐下沉广场
7 高位植台驳岸
8 绿化植台驳岸
9 海棠坞
10 杏树堤
11 岛内亲水平台
12 桃花堤
13 海棠堤
14 硕士公寓组团景观
15 计算机软件教学组团
16 北区生活组团
17 化工材料教学组团
18 机械教学组团
19 南区生活组团
20 土木教学组团
21 博士生公寓组团
22 龙园湿地
23 六艺园——书园
24 六艺园——数园
25 六艺园——乐园
26 六艺园——礼园
27 六艺园——射园
28 六艺园——御园
29 日新园
30 行政楼前景观
31 溢流湖
32 次入口

图 4-2-13 天津大学北洋园校区景观鸟瞰效果图

秉承天津大学深厚的历史积淀，遵循国际一流大学的办校治学理念，在总体规划的基础上，天津大学北洋园校区景观规划设计以“百年筑梦”为方案主题，通过传承历史文脉的景观轴线、隐喻琢玉成器的景观形态和象征百年树人的景观结构表现出来。

传承“历史文脉”的景观轴线，北运之水奔流百年不息，北洋血脉永续未来不朽。天津大学北洋园校区将传承百年历史，延续传统基因血脉，基因相续，血脉相承，以崭新的形式面貌，面向世界，面向未来，赋予新生土地血脉的延续。

隐喻“琢玉成器”的景观形态教育之树人形同水流之琢玉，滔滔北运磨砺谦谦之君子，蔼蔼花堤孕育天下之桃李。

象征“百年树人”的景观结构，十年树木，百年树人，寓意天大如同百年之古树，根深叶茂给养莘莘学子。古树枝脉的生长有机地整合各区块景观布局，脉络交织如同学科交错，枝繁叶茂，蓬勃发展。

设计团队提出“一中心、两理念”的设计思想，即“以学生为中心，注重景观的文脉延续和生态的可持续”。景观规划方案主题见图 4-2-14。

图 4-2-14 天津大学北洋园校区景观规划方案主题

景观的文脉延续以景观基因解读和提取为基础（见图4-2-15），采用新的设计理念和设计手法来诠释和表现北洋大学和天津大学原有的校园景观特征和景点，使原有校区的景观基因得以延续和传承（见图4-2-16）。生态可持续方面则以场地自然环境特点的全面了解和系统研究为基础，深入挖掘校园景观建设的生态要素，包括生态水景的塑造、盐碱地绿化种植策略等，并着力强调生态功能与景观审美的融合，特别注重雨洪管理与师生使用需求的融合、雨洪管理与盐碱土改良功能的融合。

为了将设计思想切实落地，项目前期设计团队查阅史料，寻访北洋、天大故人，同时为了充分了解学生的室外活动需求和喜好，对天大既有校区的师生进行了“关于天津大学校园室外环境使用情况”的问卷调查，对于人群较为集中的建筑物的室外空间（诸如宿舍区的公共空间、食堂前广场、公共课教学楼的前广场、教学楼前的道路等）进行定点观察。此次调查问卷主要针对天津大学在校师生，样本量选择定为1%，共发放问卷320份，收回315份，收回率为98.4%。通过对既有校区的场地空间信息进行搜集、了解，辅以满意度调查，设计团队对师生的使用诉求和空间偏好有了全面、真实的掌握。

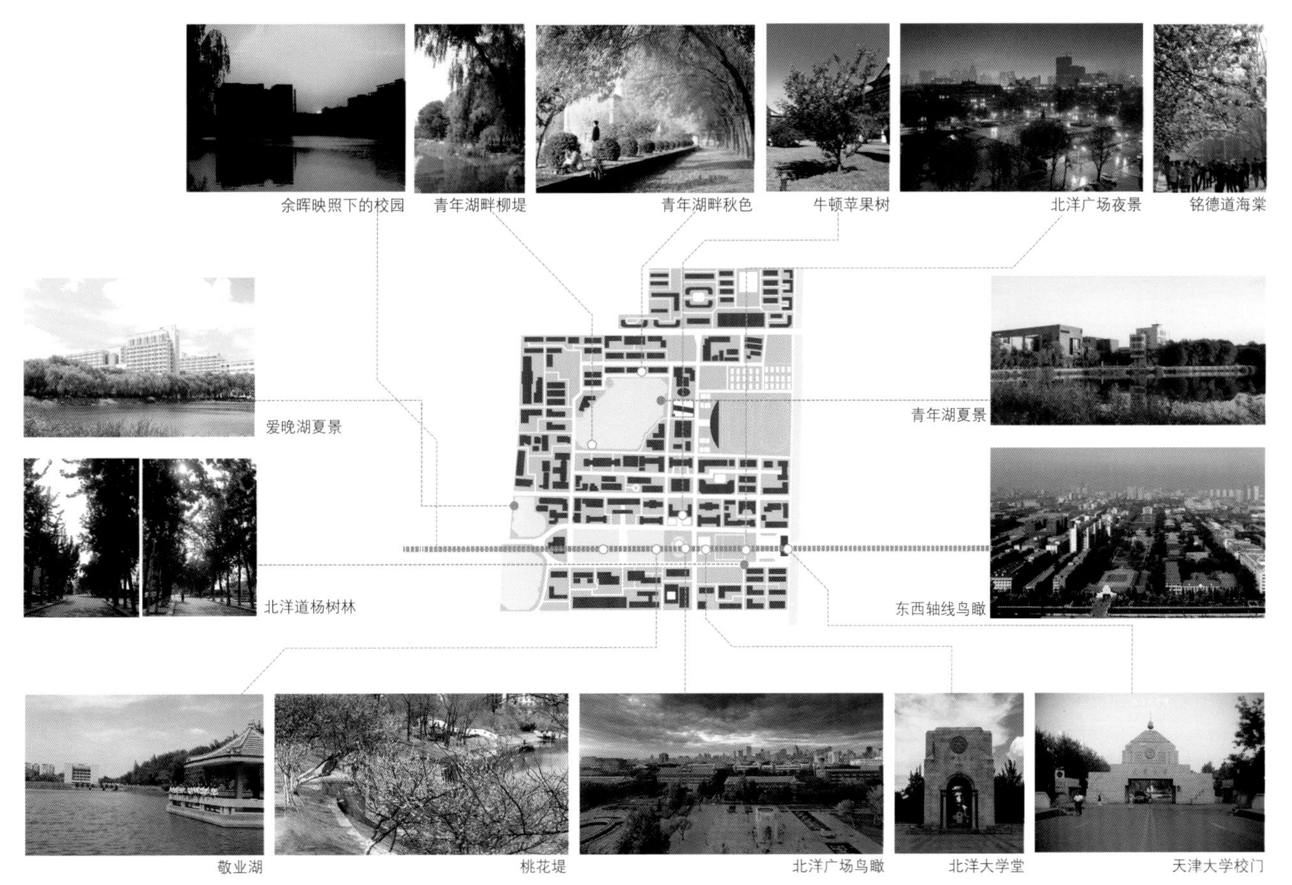

图4-2-15 天津大学七里台校区景观基因解读

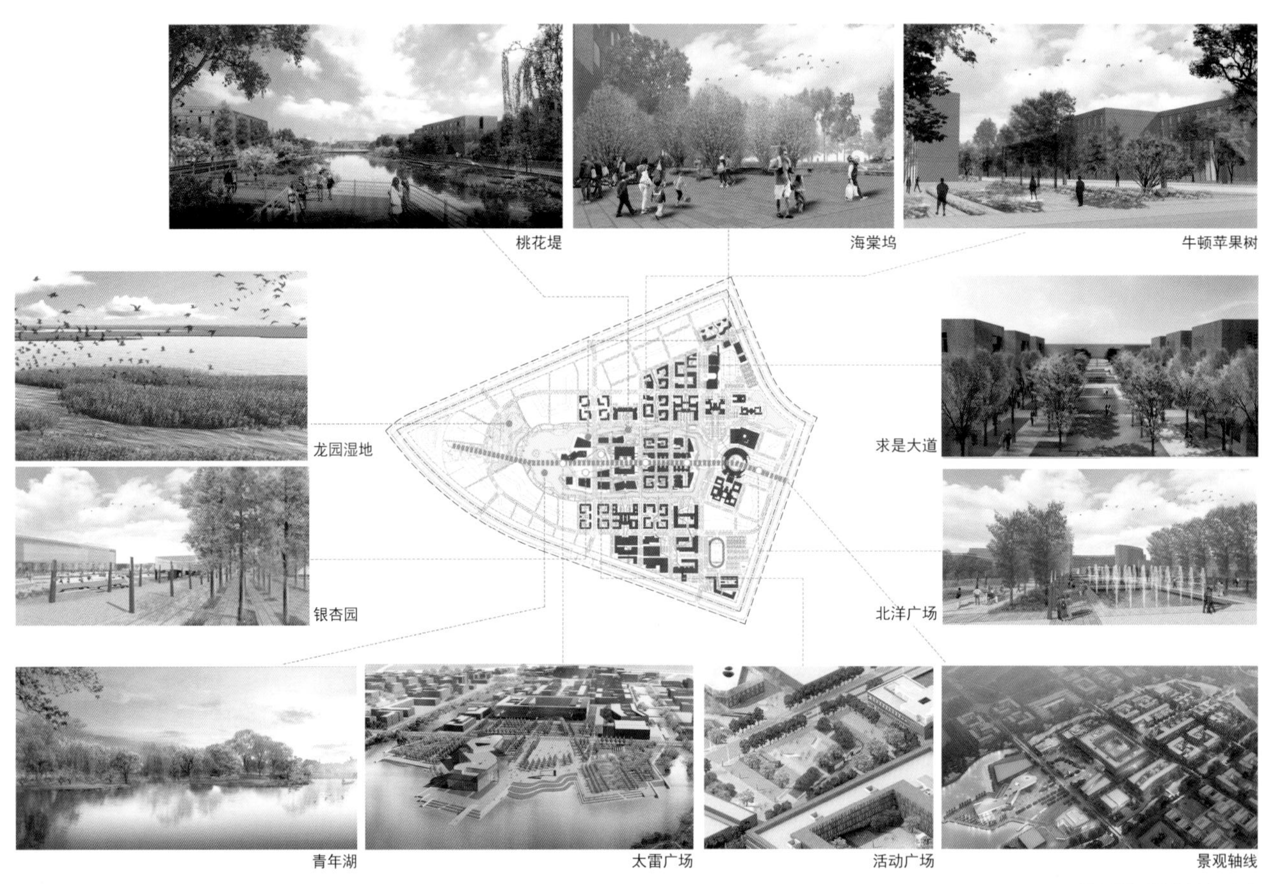

图 4-2-16 景观基因的传承与对比

景观规划设计过程中，还明确了 8 条设计原则，以保障“延续景观基因、促进学科发展、提升生态价值”三大核心目标的实现。

（1）设计结合北洋园校区的规划要求，立足于建设“综合性、研究型、开放式、国际化的世界一流大学”的天津大学总体发展目标。

（2）传承天大百年校史，展现北洋学府的办学特色，利用历史及既有的景观元素，营造北洋园校区景观。

（3）从学生的使用角度出发，充分贯彻“育人为本”的思想，着眼于学生的综合培养和全面发展，校园功能分区、交通组织、景观环境和建筑空间配置等各方面均体现了以方便学生学习、生活的核心规划设计理念。

（4）设计结合区域环境，充分考虑基地的现状特点，选择适合本地生长的植物物种，考虑植物的季相设计和主题性设计，体现校园植物景观的多样性和丰富性。

（5）体现生态雨洪管理，将水资源、土地资源、能量消耗和对环境的污染程度降至最低，营造高效、低耗、无废、无污染的、可持续发展的景观空间，并保证建设的可实施性。

（6）营造人性化空间，形成良好的人际交往氛围，促进校园学术交流。创造兼具参与性、多样性、时尚性、趣味性的多功能空间环境，提升校园整体活力。

（7）创造兼具科普性与知识性的校园景观环境，既为全体天大学子的生态意识培养做出贡献，同时也为相关学科的教学和科研提供重要支撑——重点科学研究基地。

（8）设计力求减少初期建设成本，降低日常维护费用。

在上述设计策略和研究分析的基础上，形成了天大北洋园校区“一轴串人文十景、一环连两堤六园”的景观结构和“石景布局”（见图 4-2-17 和图 4-2-18）。一轴串人文十景，隐喻历史之传承，展百年之筑梦。景观轴从承载历史的北洋广场起航，穿越宣怀广场、三问桥、天麟广场、求是大道、书田广场、牛顿苹果树、太雷广场，如滔滔运河水汇入青年湖与龙园湿地，展现历史的精彩与回忆，未来百年，梦想将从这里起航。

一环连两堤六园，如水流之琢玉成器，同古木之树人育人。桃花堤——北洋园之再现，海棠堤——天津大学的还原。一环将多学科组团串联，象征天大多学科的构成与发展。花桃蔼蔼，平园、诚园、正园等组团相映成趣。柳荫绦绦，修园、齐园、治园等组团交相辉映。中心河两岸对景，两岸开放空间相互呼应，形成对景关系（六组）。对景空间不仅使两岸形成优美的观景效果，同时也为学生们创造了一个有趣的交往空间。

关于石景布局，设计分析了天津大学北洋园校区整体及其周边环境情况，结合中国传统景观文化理论（风水学、环境学），浓缩出三个石景布局：其一是位于青年湖湿地景观环境中的一座叠石山景，将其作为北洋园校区景观环境中心轴线的底景；其二是位于行政楼西北角位置上的土生石景观，造型如茂盛生长的尖笋状，冲天直上；其三是位于机械教学组团中的土生石景观，外形仿佛灵动秀丽的山峰，这三者共同构成了三足鼎立之势。

校园整体分为中心岛区、中环区、外环区三部分。其中中心岛区的主要景观有求是大道、太雷广场、亲水平台、音乐广场、桃花堤、海棠堤、高位植台驳岸等，中环区主要景观有龙园湿地、苗圃区等，外环区主要景观为日新园与君子六艺园等。

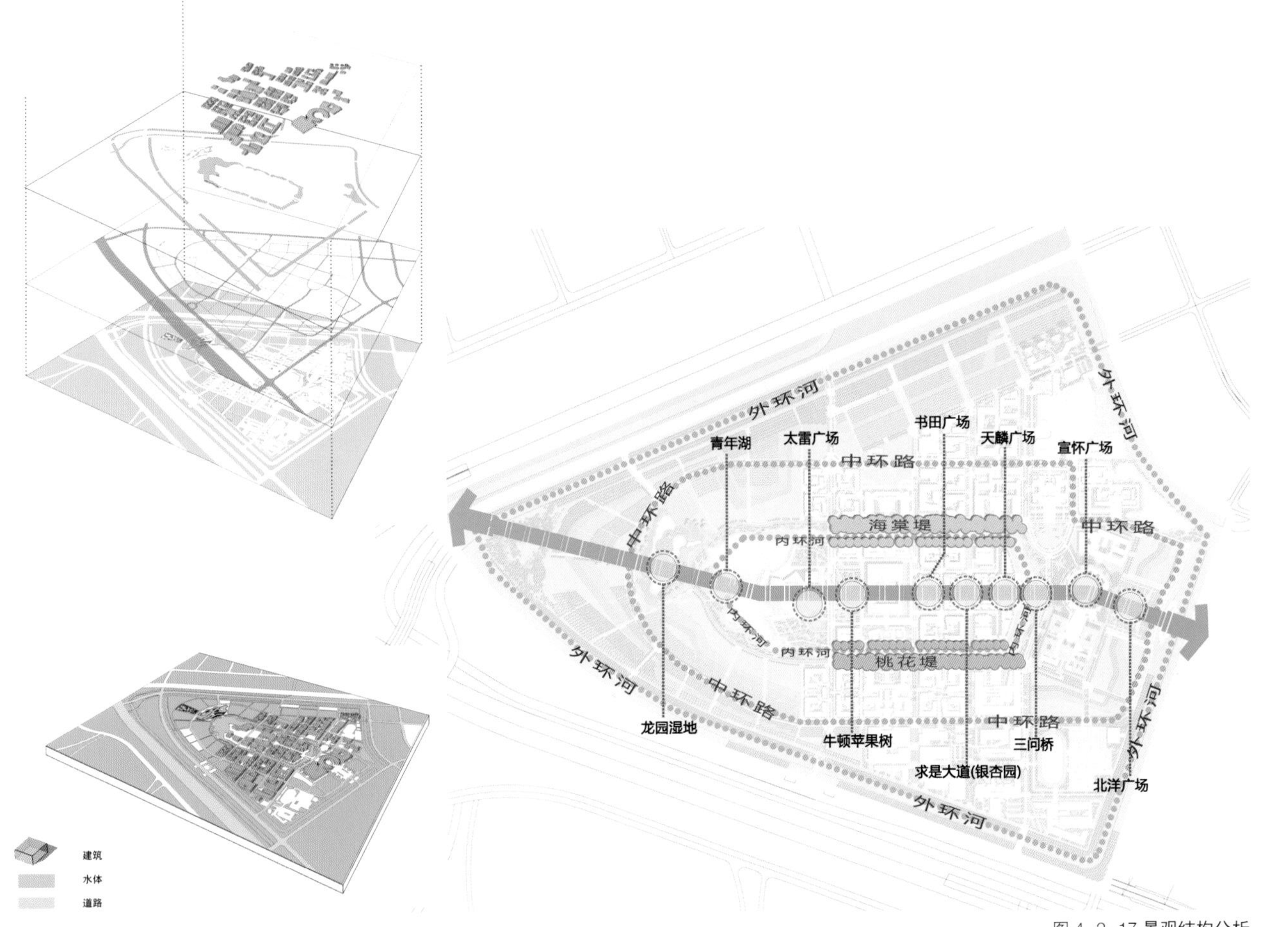

图 4-2-17 景观结构分析

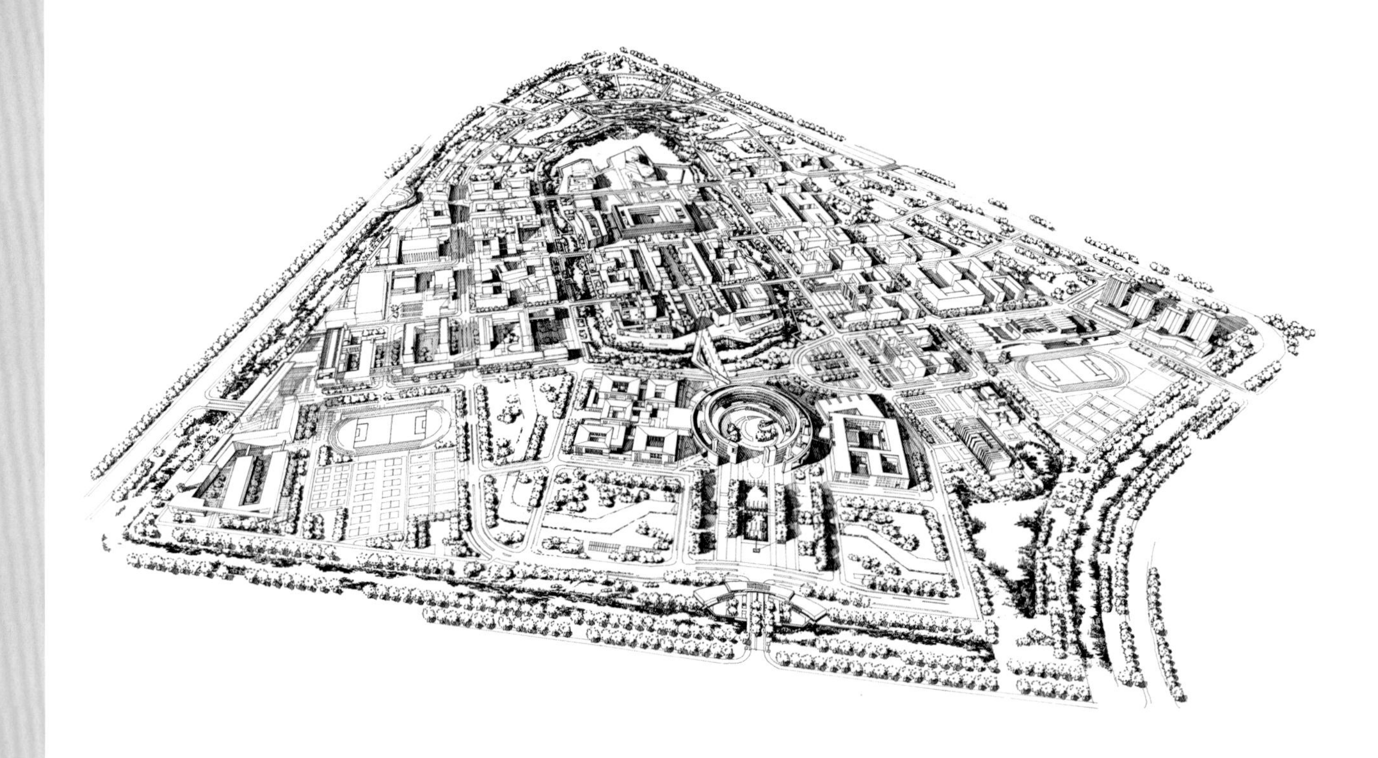

图 4-2-18 天津大学北洋园校区石景布局分析

北洋园校区建成后，蜿蜒的水系与自然起伏的地形构建起校园连续的景观主体轮廓，营造出山林清幽、水流潺潺的自然、生态的景观效果。校区层进式的空间序列，通过景观的层次营造与过渡处理，形成了清晰贯通的景观脉络，中轴线沿袭传统基因血脉，隐喻悠久历史之传承，并向南北两翼有序展开，以秩序的美感展现环境特色，保持景观的连续性及活动空间选择的多样性，满足师生室外活动、休憩、交往、观赏等不同的使用功能要求。2015 年 10 月 2 日，天津大学 120 周年华诞庆典，新校园第一次迎来了海内外校友、师生的到访，在这里他们既可体会到熟悉的北运河畔校区、七里台校区的景观精髓和空间氛围，同时也能够深刻感受到北洋园校区的生机勃勃与蓄势待发。中心岛夜景鸟瞰效果见图 4-2-19。

图 4-2-19 天津大学北洋园校区中心岛夜景鸟瞰效果图

4.2.2 案例分析

4.2.2.1 构建弹性的海绵系统——分区而治、内外联合

天津大学北洋园校区“弹性”雨洪管理系统的构建以分区而治、内外联合为主要特点，即根据北洋园校区整体布局和功能组团的规划，将校园划分为三个子排水分区。每个分区结合自身的功能定位、用地特性，因地制宜地规划设计了不同的雨水管理系统，系统间配合协作，从而实现校区水安全与水利用的双赢。

校区内外双重环形水系的布局结构决定了子排水的划分和各区雨洪管理系统的规划设计策略，见图 4-2-20 和图 4-2-21。

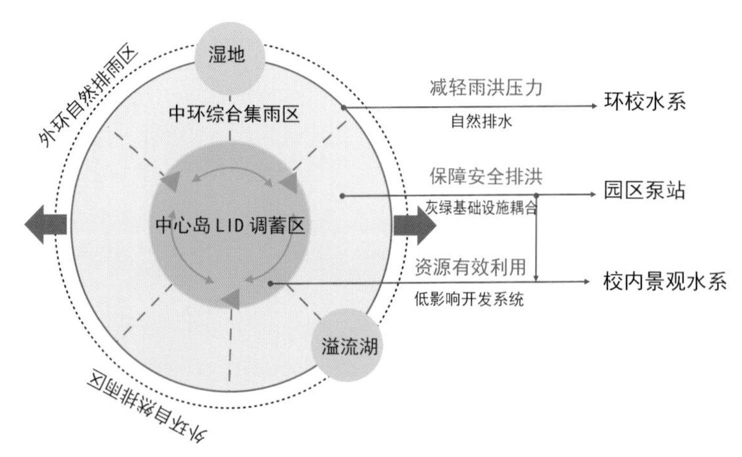

图 4-2-20 天津大学北洋园校区排水划分思路和排水管理策略

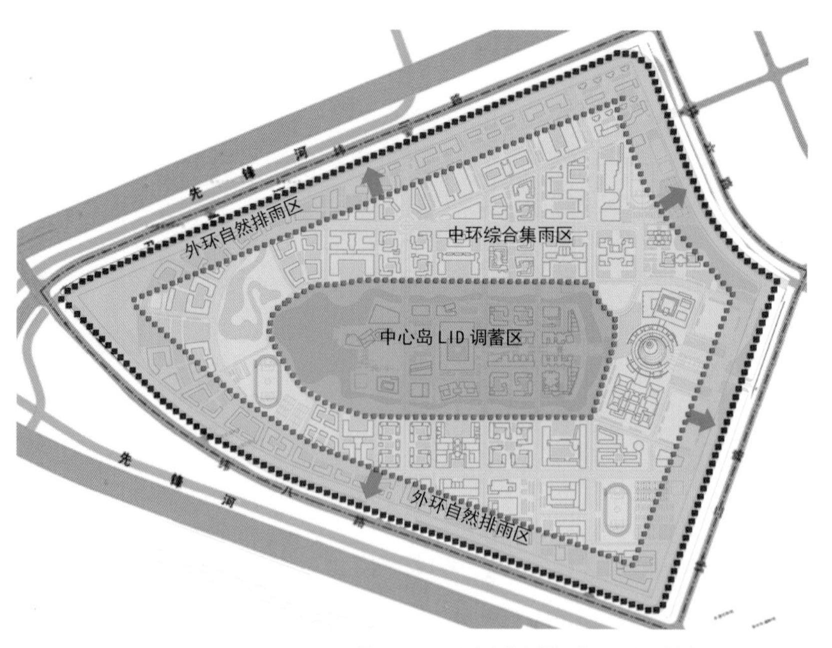

图 4-2-21 天津大学北洋园校区三个子排水的划分与布局

1. 外环自然排雨区

外环自然排雨区为校区外围环状区域，即粉线与绿线之间的范围（不包括城市绿化带），总面积约为43.54 hm²，绿地率近90%。在外环自然排雨区，由于卫津河水位较高，因此沿河区域不设置雨水管道，雨水或直接下渗涵养地下水、补充外环河基流，或依靠合理规划的场地竖向形成坡面漫流，就近汇入外环水系（卫津河和护校河）。沿河绿化带采用自然缓坡入水形式，对初期雨水起到净化作用，可有效控污，减少入河污染物的总量。外环自然排雨区的规划以“水安全”为重点，由于雨水径流直接排向校园外部河道，有效减少了北洋园校区的产流面积，特别是在暴雨季节，充分发挥毗邻环校河的优势，有效减轻了校园防洪排涝压力。

2. 中环综合集雨区

中环综合集雨区是指外环自然排雨区以内，中心岛以外的区域（不包含校内水系），总面积约为138.26 hm²，硬质化率约为38%。由于教师教学办公、学生活动住宿均较为集中在该区域，因此区域内硬质化率高、建设强度大。为保障水安全，实现水利用，区内采用以管道收集雨水为主，辅以绿色基础设施鼓励径流下渗的结合方式。自管道而来的雨水定期经由泵站提升，用以补充景观用水。该区实现了传统雨水管道收集方式与雨水资源有效利用新观念的有机融合。中环综合集雨区雨洪管理系统技术路线见图4-2-22。

3. 中心岛 LID 调蓄区

中心岛 LID 调蓄区被校区内环水系包围，总面积约为25.55 hm²。整个校园的景观主轴贯穿于此，且区内集合了图书馆、综合实验中心、学生中心等诸多代表性建筑。作为校园核心功能的集聚地、景观风貌的集中展示区，该区借助四面环水的场地优势，全面贯彻低影响开发策略，源头削减、自然净化、蓄渗结合，构建审美与功能相融合的生态化雨洪管控系统。中心岛雨洪管理系统技术路线见图4-2-23。

区内采用的雨洪管理措施主要包括以下三方面：①以管控建筑屋顶径流为目标的绿色屋顶；②以管控绿地、广场径流为目标的下凹绿地和阶梯式绿地；③以管控道路场地径流为目标的植草沟。

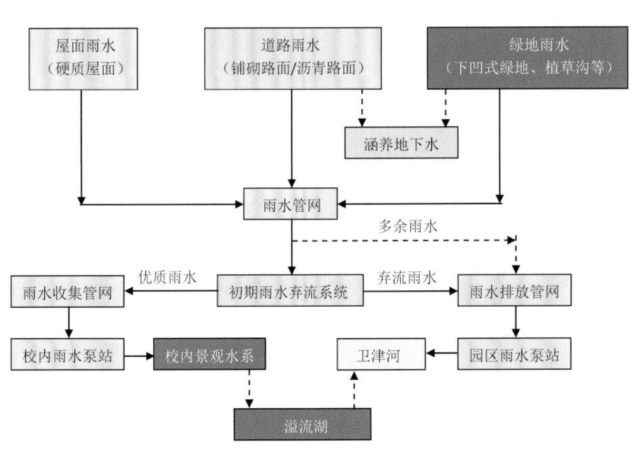

图 4-2-22 中环综合集雨区雨洪管理系统技术路线图

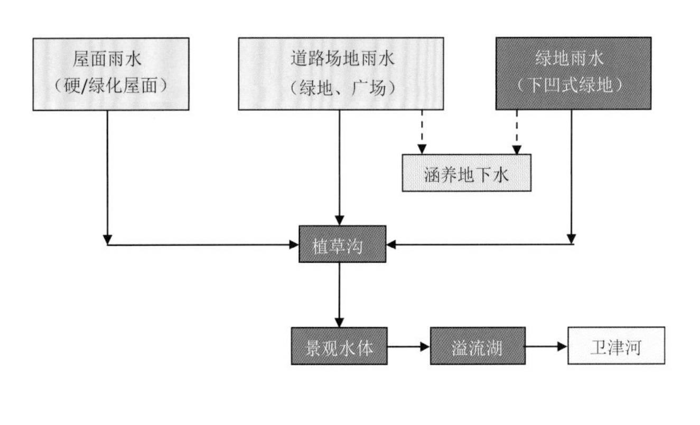

图 4-2-23 中心岛雨洪管理系统技术路线图

1）以管控建筑屋顶径流为目标的绿色屋顶

综合考虑经济性和管理运行的难度，中心岛区采用绿色屋顶与传统硬质屋面相结合的方式调控屋面产流量。第一教学楼准备申请绿色建筑，因此按照绿色建筑标准设置绿色屋顶（见图 4-2-24 ～图 4-2-26 和表 4-2-1）。绿色屋顶不仅可明显降低屋顶产流量、净化径流、隔热保温，还具有显著的空气净化作用。

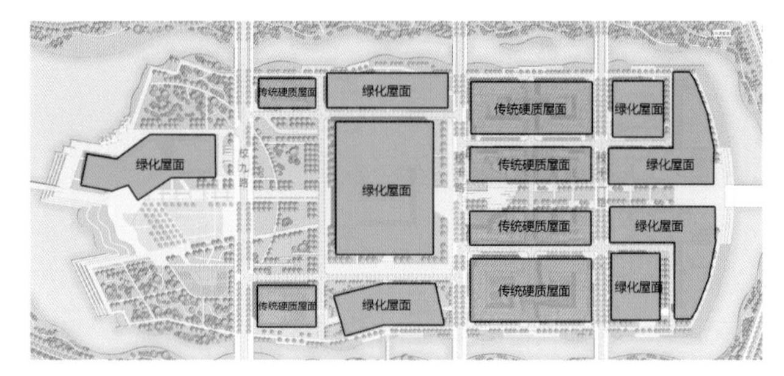

图 4-2-24 中心岛绿色建筑与传统硬质屋面分布

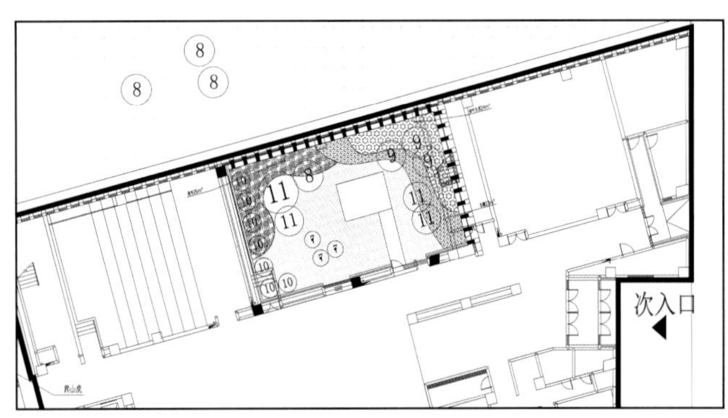

图 4-2-25 第一教学楼绿色屋顶平面图（景观总图截取）

图 4-2-26 第一教学楼绿色屋顶效果图

表 4-2-1 第一教学楼绿色屋顶植物材料表

名称	规格	数量	备注
木槿	地径 4 ～ 5 cm	18 株	
碧桃	地径 4 ～ 5 cm	12 株	
榆叶梅	地径 4 ～ 5 cm	13 株	
珍珠梅	冠幅 1.5 m	7 株	
金叶榆	ϕ6 ～ 8 cm, 分枝点高 ≥1.2 m, 全冠	4 株	
玉簪		143 m^2	
爬山虎		56 延米	4 ～ 5 株 / 延米
金叶女贞篱	H=600 mm	24 m^2	
麦冬		26 m^2	
冷季型草			

2）以管控绿地、广场径流为目标的下凹绿地和阶梯式绿化

下凹绿地是低影响开发措施中一种较为常见的雨洪调蓄技术，具有渗蓄雨水、削减洪峰流量、减轻地表径流污染等优点。典型下凹绿地的高程低于周围场地高程，并设有溢流井，与植草沟或者市政管网等传输设施相连，溢流口高程介于场地高程与绿地最低点高程之间。在北洋园校区景观规划设计项目中，以调查问卷（问卷向师生提出了“最喜欢校园空间的类型是什么”“宿舍生活区中需要哪些活动场所”“最常在校园室外公共空间进行什么活动”等问题）统计结果为依据，配合周围场地的功能定位，规划设计了多种不同形式的下凹绿地，如自然缓坡式下凹绿地、台地式下凹绿地、阶梯式绿地等，满足不同功能需求，丰富景观形式，见图 4-2-27 ～图 4-2-40。

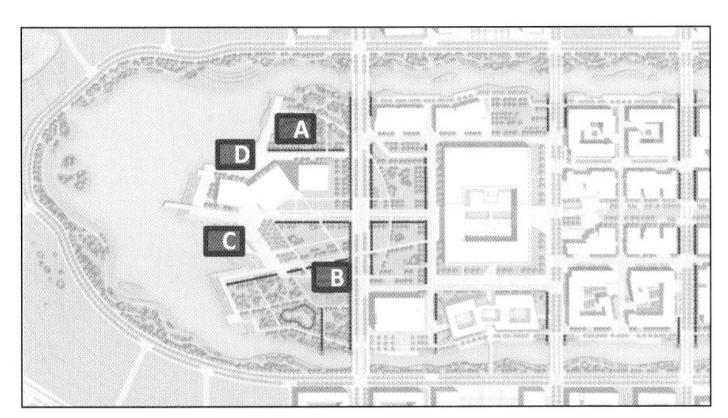

图 4-2-27 北洋园校区四种典型下凹绿地位置

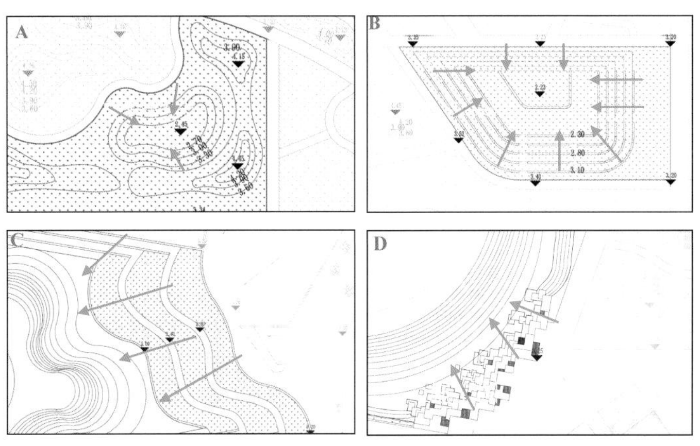

图 4-2-28 四种下凹绿地类型

A：自然缓坡式下凹绿地　　B：台地式下凹绿地

C：阶梯式绿地 1　　D：阶梯式绿地 2

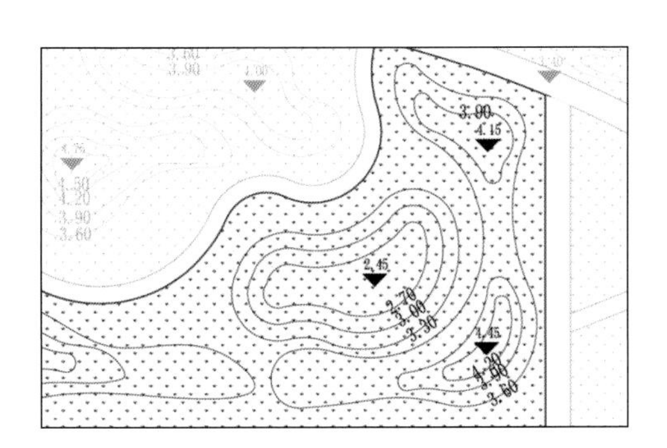

图 4-2-29 自然缓坡式下凹绿地平面图（左）及实景照片（右）

图 4-2-30 台地式下凹绿地平面图(左)、效果图(中)、建成实景(右)

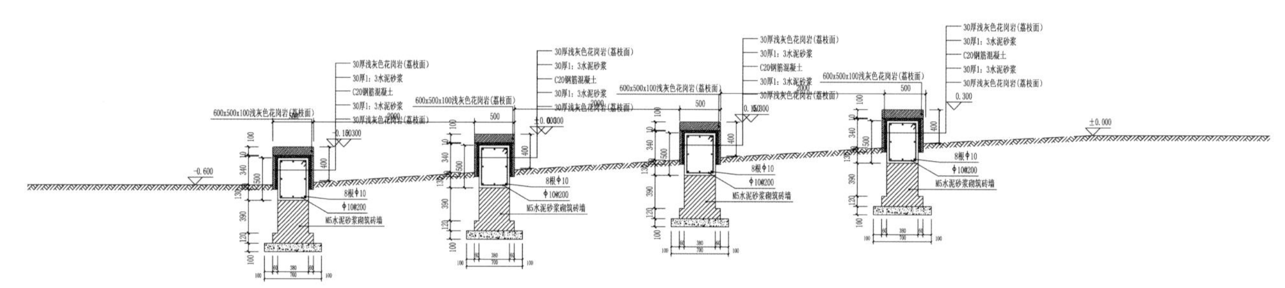

图 4-2-31 台地式下凹绿地施工断面图

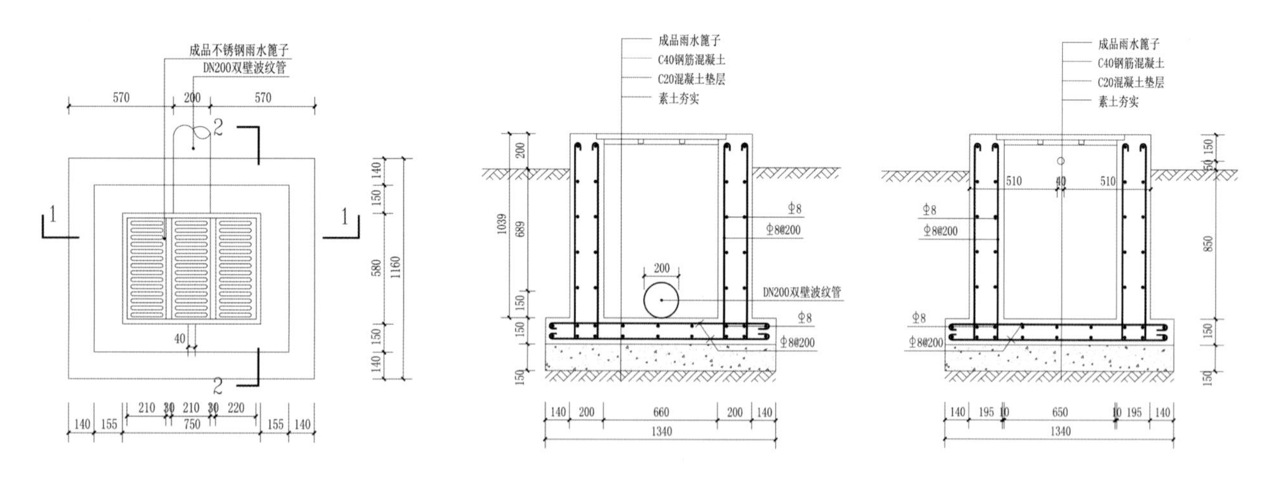

图 4-2-32 台地式下凹式绿地滞留井构造做法

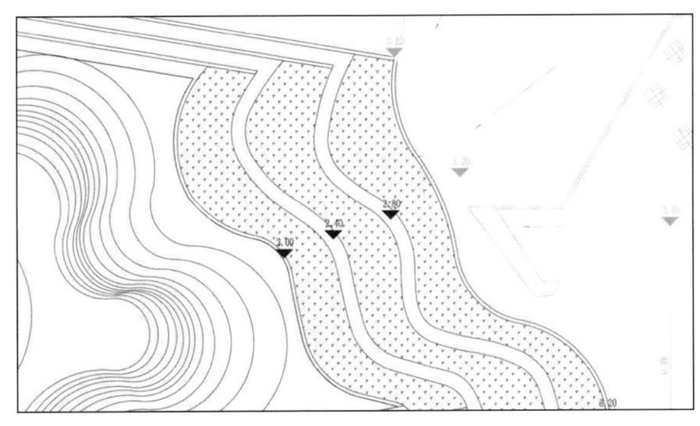

图 4-2-33 阶梯式绿地 1 平面图

图 4-2-34 阶梯式绿地 1 景观效果图

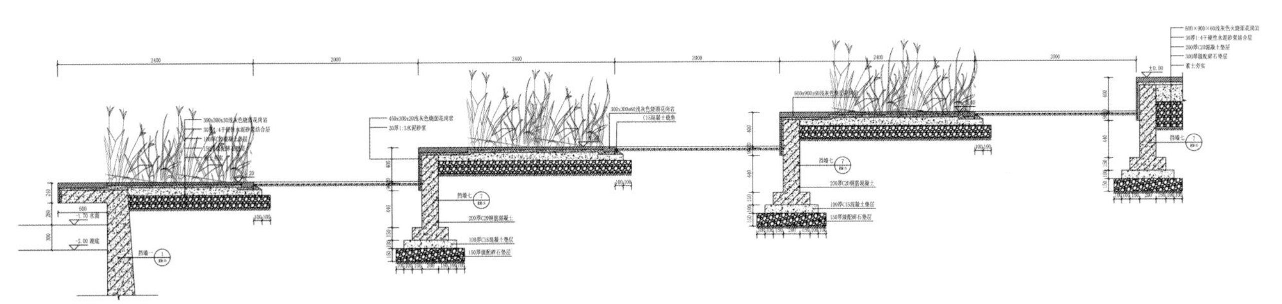

图 4-2-35 阶梯式绿地 1 施工断面图

图 4-2-36 阶梯式绿地 1 实景照片

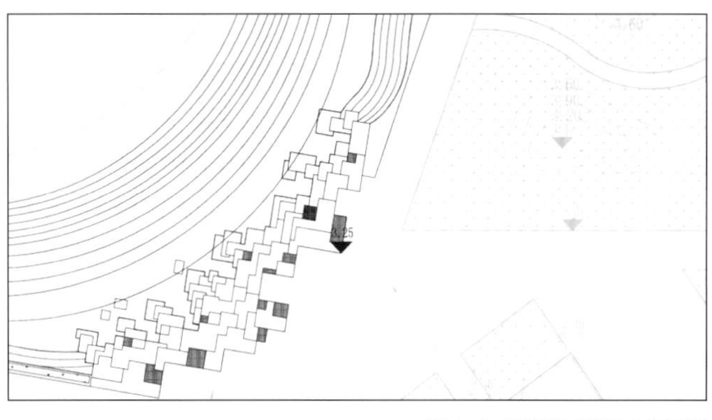

图 4-2-37 阶梯式绿地 2 平面图

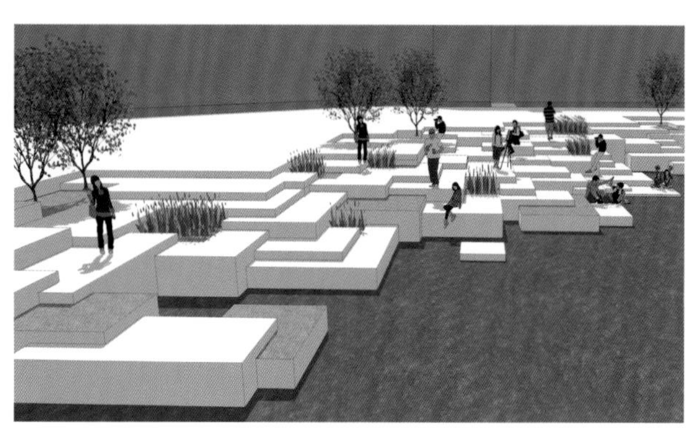

图 4-2-38 阶梯式绿地 2 效果图

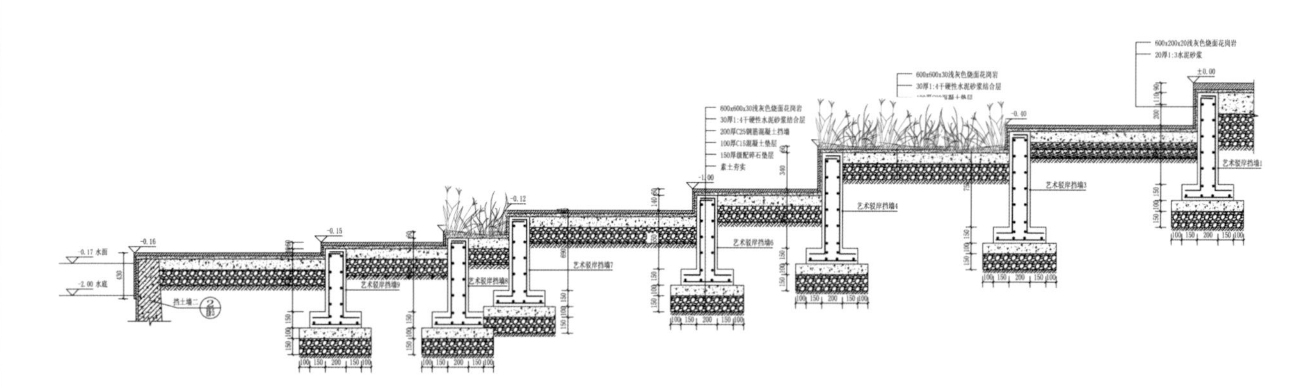

图 4-2-39 阶梯式绿地 2 施工断面图

图 4-2-40 实景照片

3）以管控道路场地径流为目标的植草沟

本项目对中心岛区道路采用植草沟和采用传统管网收集雨水这两种方案进行了比选。

考虑北洋园校区地下水位较高（1.4m），且含盐量高，植草沟选择标准植草沟形式（植草沟有标准植草沟、干植草沟以及湿植草沟三种，见图4-2-41）。断面尺寸为宽1.0m，高0.8m，纵向坡度为0.8‰。管道集水方案中雨水管道管径为500～800mm。

由表4-2-2可知，中心岛采用植草沟集水和使用管道集水的两种方案相比，尽管前者投资较高，但可增加雨水下渗，减少下游的排水压力，同时具有沉淀和净化功能，并可获得景观环境、先进科技示范性等附加效益。根据研究，植草沟对于雨水中的污染物去除率为：径流浊度的去除率保持在70%以上；COD、TP的去除率保持在47%～82%，NH_3-N的去除率为25%～74%，重金属Pb的去除率达到80%～90%（见图4-2-42～图4-2-44）。

因此，在北洋园校区中心岛中，规划设计了数十条沿路的植草沟，对雨洪径流量进行管控的同时，初步过滤净化雨水径流（见图4-2-45～图4-2-48）。

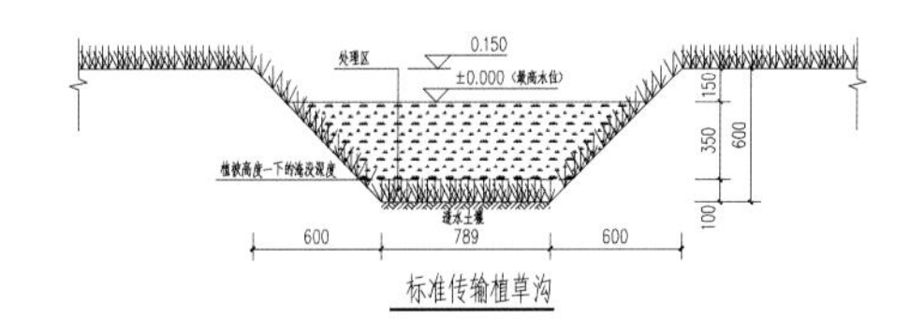

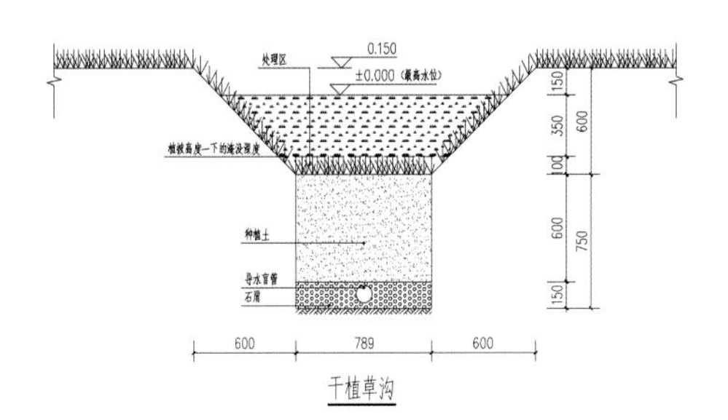

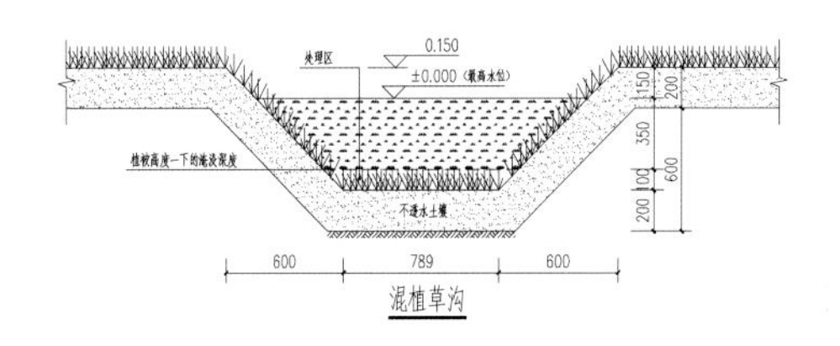

图4-2-41 植草沟的三种典型类型

表4-2-2 两种集雨方案比较

	方案一：植草沟集雨	方案二：传统管道集雨
投资	较高	较低
管理维护	较复杂	简单
雨洪管理作用	具有渗、蓄、排的作用	排水
净水能力	较好	无
综合效益	科研教育意义、社会效益显著	一般

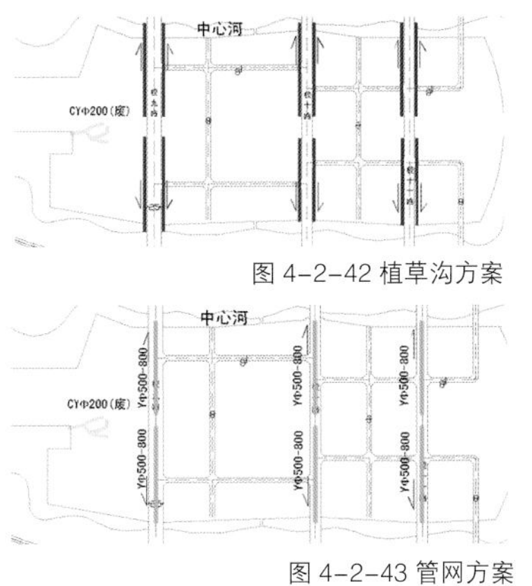

图4-2-42 植草沟方案

图4-2-43 管网方案

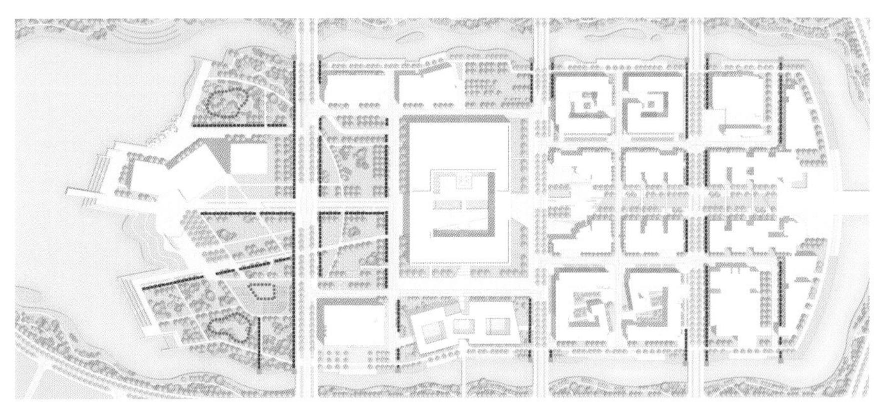

图4-2-44 植草沟分布示意图

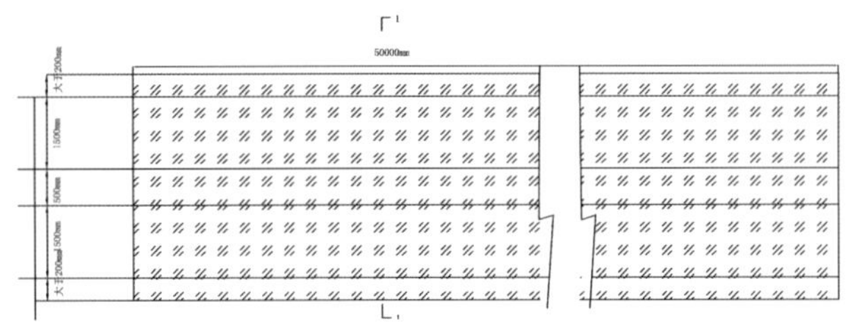
图 4-2-45 植草沟施工平面图

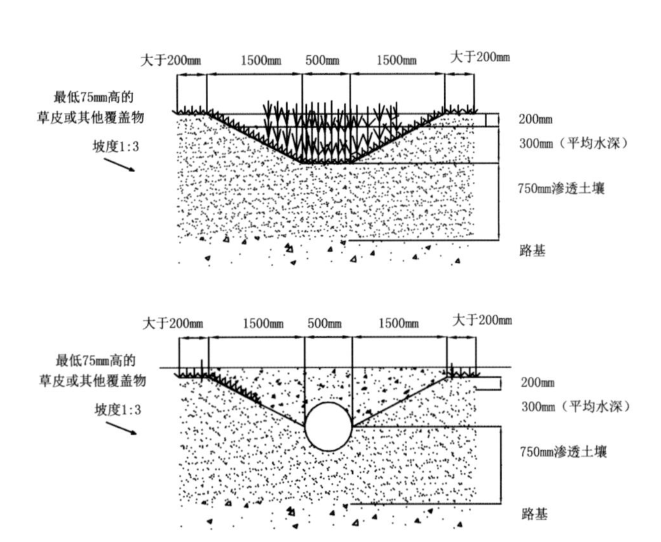

图 4-2-46 植草沟施工断面图

图 4-2-47 植草沟施工过程照片

图 4-2-48 北洋园校区植草沟实景照片

综上所述，三个子排水分区、三种不同的雨洪管理策略有机地形成了天津大学北洋园校区雨洪管理系统相互补充、互为依存的三个层级，为校区提供三重保障（见图4-2-49～图4-2-52）。第一重保障是源头削减校区雨水径流的低影响开发措施，以中心岛LID调蓄区采用的绿色屋顶、下凹绿地、植草沟以及透水铺装等为代表。岛内采用慢行交通，实现了透水铺装85.8%的覆盖率，将路面的综合径流系数由0.9降至0.5；第二重保障是校园内包括中心湖、中心河、溢流湖以及龙园湿地在内的规划水面，它们具有很强的调蓄能力。经计算，校区内景观水面的调蓄量可达到15.5万m^3；第三重保障是园区内完备的排水条件。以北洋园校区雨水全部外排的最不利情况为前提，在校园东侧规划雨水提升泵站1座。中环综合集雨区通过管道收集的雨水经园区内预留的两根*DN*2600雨水管直接接入雨水泵站。中心岛集雨区过量的雨水径流则先进入环岛水系，超过溢流水位后经溢流管进入溢流湖，最终通过预留的雨水管道进入雨水泵站。东侧的雨水泵站与校外环河连通，其作为城市级别的行洪河道，具有较强的纳洪、排洪能力，保障强降雨条件下校区雨洪水顺利外排。

4. 校园污水净化利用系统

北洋园校区内设有中水处理站，生活污水进入调节池、水解酸化池、速分生化池，并进行混凝沉淀、机械过滤、紫外线消毒等过程。然后进入人工潜流湿地，以及龙园景观表流湿地进行再次净化，净化后的水体排入景观湖，用于景观湖的补水和绿化用水。同时，中心河和中心湖水质出现问题时，也可进入龙园湿地水系循环系统进行水质提升。

由此可见，天津大学北洋园校区雨洪管理系统结合用地规划和功能布局，巧妙地实现了低影响开发雨水系统、城市雨水管渠系统及超标雨水径流排放系统的统筹，并实现生活污水的净化再利用，与《海绵城市建设指南》中有关海绵城市建设途径的论述完全符合。

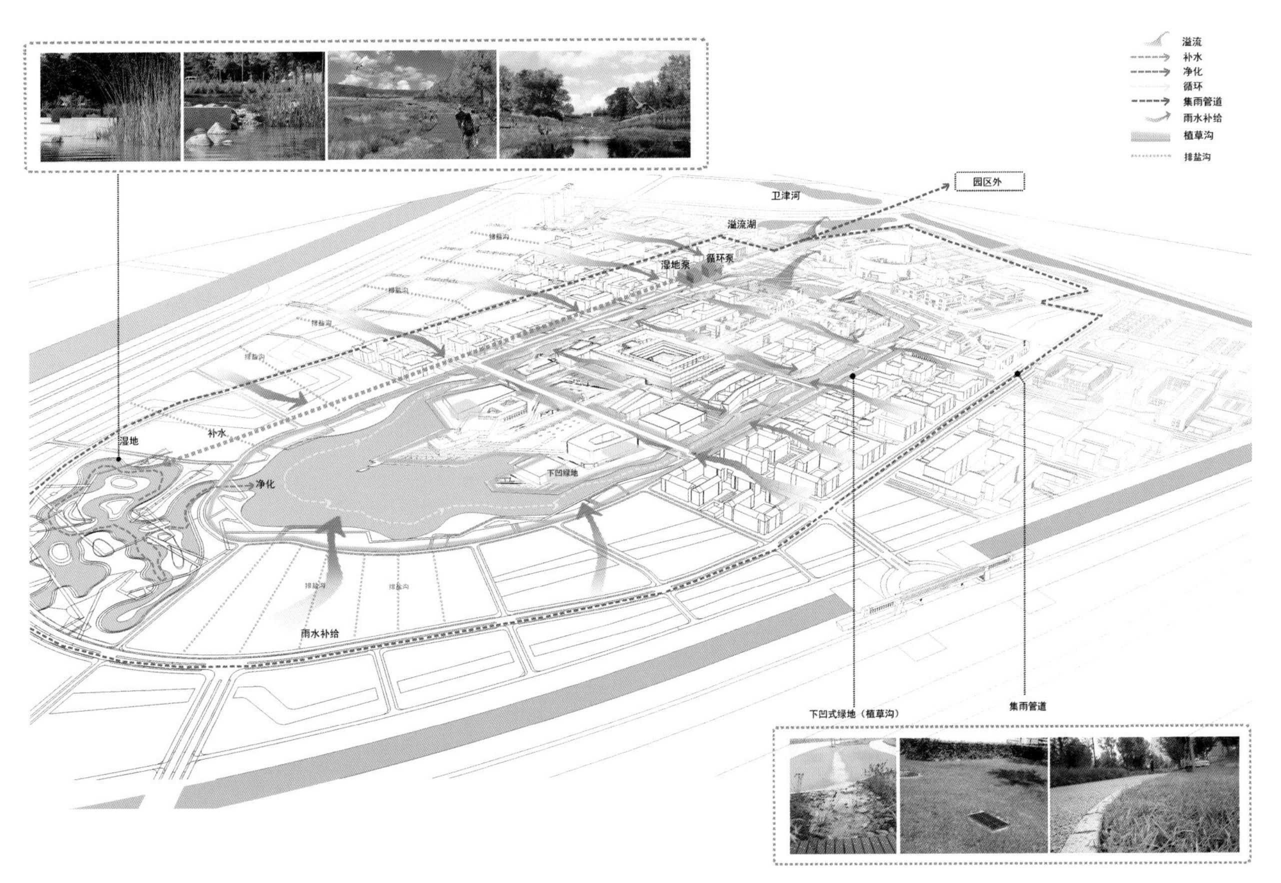

图4-2-49 天津大学北洋园校区生态雨洪管理分析图

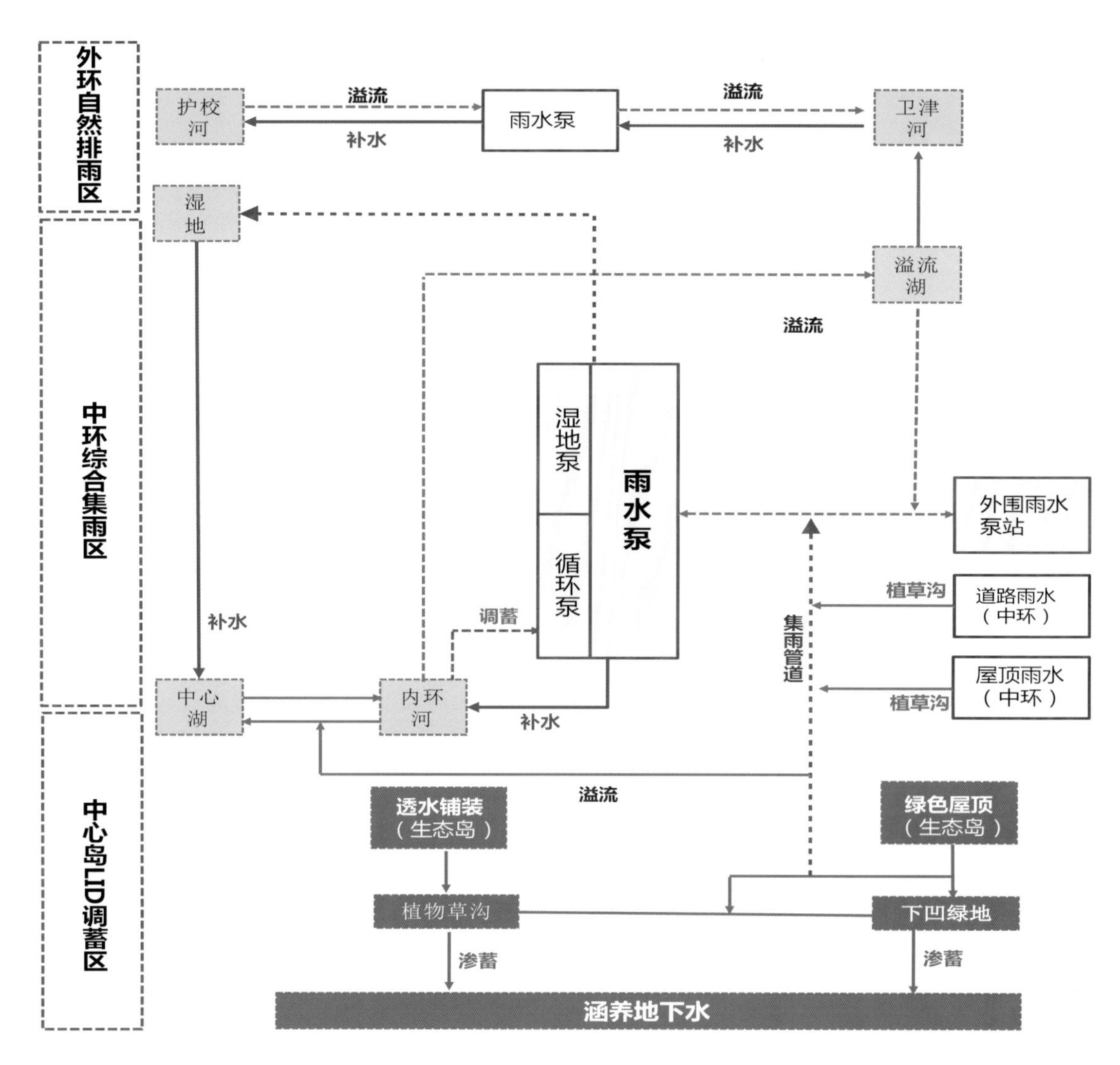

图 4-2-50 北洋园校区水系统循环原理示意图

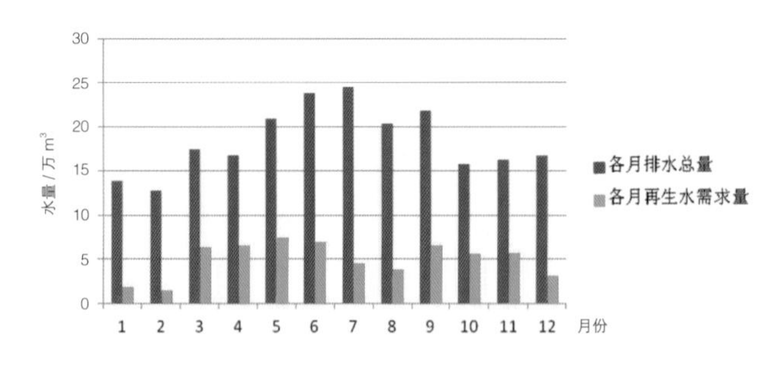

图 4-2-51 北洋园校区逐月排水量与再生水需求量对比柱状图

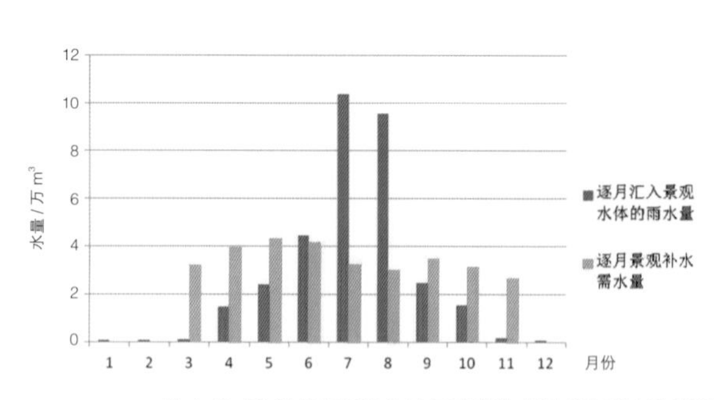

图 4-2-52 逐月雨水汇入量与景观补水需求量对比柱状图

4.2.2.2 创造宜人的景观感受

“双环双湖”的水景观不仅在绿色校园的雨洪管理方面承担着重要的角色，同时也是校园景观营造的核心，既可作为“基因传承”的亮点延展出深厚的人文气氛，也可以水岸为依托满足师生的使用需求。

中心河环绕中心岛，充分利用滨水岸线满足学生日常活动交流的需求，彰显学生公共活动组团开放自由的景观气质。中心河内侧驳岸采用硬质与软质相结合的形式，硬质驳岸满足亲水需求，软质驳岸以舒缓的草坡景观呈现，同时起到雨后净化入流径流的作用，一定程度缓解面源污染。亲水平台起承转合的形式依据周边建筑的形式进行设计，强调其与周边环境的有机融合。一些区域在平台上还设置了树池，方便学生在夏日遮阴避暑。竖向设计中，路面与亲水平台间高差约 1.5m，以台地形式过渡。台阶适当放宽（600mm×200mm），尺度宜人，可停可行，满足通行功能的同时可为学生的活动交往提供场所空间。中心河外侧驳岸以软质草坡入水形式为主，坡上种植乔灌木，步行小路蜿蜒贯通于其中，给人以亲近自然的宁适感。

驳岸上的绿化种植特别注重了对于北洋园校区、七里台校区景观氛围的再现。1902 年，北洋大学堂迁往西沽武器库旧址，师生共同沿北运河种植了大量桃柳树。据民国《天津志》“城郭”一节中记述：“天津西沽村北洋大学校长堤，遍树桃花，每当春晴晓日，往游者有山阴道应接不暇之势。”桃花堤不仅时至今日仍为观春赏桃的胜地，更一直是北洋学子心中的标志景观。它们是天大历史的见证者，亦成为天大的一个文化符号。“花堤蔼蔼，北运滔滔……”，天津大学七里台校区则以海棠花作为特色景观。每年春天，700 余株海棠同时盛开，可谓“飘粉流丹，香沁十里”，学校已举办三届“天大·海棠季”校园开放日活动，成为天津大学的特色活动。因此，在北洋园校区景观规划设计中，结合自然条件和场地特点，为重新搭接起“桃花”与“天大人”的纽带，溯桃花之源，在中心河外侧驳岸南面集中种植桃树，选择了红碧桃、白碧桃、山桃、菊花桃、粉碧桃等十几个品种，主题性植物丰富多样。与之相对，中心河外侧驳岸北面种植不同品种的海棠树数百棵，打造海棠堤，对七里台校区早春 4 月的景观进行还原，树种选择包括西府海棠、贴梗海棠、木瓜海棠、垂丝海棠、红宝石海棠、八棱海棠等。由此，中心河南北两岸，形成对景关系，创造出历史对话与视线对景的趣味景观（见图 4-2-53 和图 4-2-55）。

图 4-2-53 北洋园校区中心河景观效果图

图 4-2-54 中心河实景照片
（上图来源：北洋光影 下图来源：作者拍摄）

图 4-2-55 中心岛实景照片（左图来源：作者拍摄 右图来源：北洋光影）

外环河长约 6.5km，河岸开阔、水质良好，两侧驳岸自然质朴，水生植物长势良好。河内大面积芦苇水葱具有一定净水固土作用，两侧近 60m 宽缓坡绿化带可拦截入流径流中的污染物，尤其是对初期雨水具有净化作用，能够有效减少入河污染物总量。景观规划设计中，沿外环河一条校园外环线步道蜿蜒展开，沿途设置六处驿站，供师生停留观景游憩，提供更多休闲活动空间。六处驿站以中国传统“六艺”为主题，形成君子六艺主题园（见图 4-2-56）。六艺是中国古代君子的六门必修课，其内容包括五礼、六乐、五射、五御、六书、九数。在我国古代，六艺教育的实施是根据学生年龄大小和课程深浅循序渐进进行的，并且有小艺与大艺之分，书、数为小艺，礼、乐、射、御为大艺，系高级课程。天津大学非常注重对学生综合素质的培养，而这正可被视为现代君子品性的培养，故取儒家经典《周礼》中的“君子六艺”为主题展开设计，并通过各园的平面布局象征隐喻“六艺”内涵，用现代景观手法来诠释中国传统园林之韵味。

（1）礼园呈对称布局，结合景石与休闲座椅的设置，调节空间层次。

（2）射园用生动朝气的景观、小品体现动态之美，并配有秋季观花观叶树种，形成特色植物景观。

（3）书园由趣味绿篱和以六书为主题的主题雕塑组成，空间活泼，富于变化。

（4）乐园则以硬质铺装的设计，营造出疏密有致、似音符般舒缓与跳跃相间的空间氛围。

（5）数园的景观设计以规则几何形态为母题，营造具有趣味性和公众参与性的景观空间。

（6）御园设计用碾压车轮的抽象雕塑表达具象含义。外层平缓用地内种植彩色地被，丰富游览体验。六艺主题园效果图见图 4-2-57。

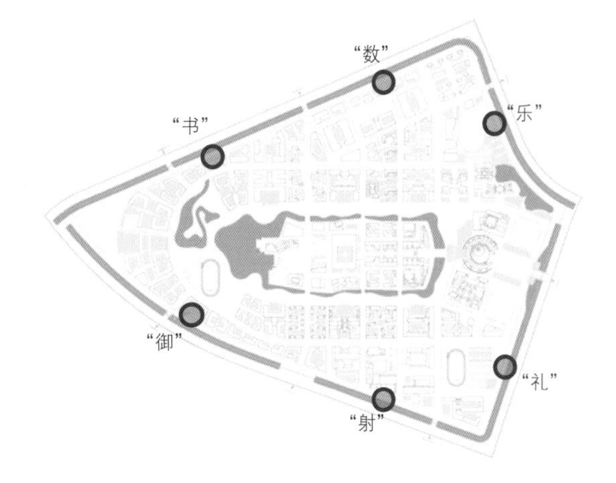

图 4-2-56 外环河沿途六艺主题园平面布局

图 4-2-57 六艺园效果图

4.2.2.3 满足多重的功能需求

如前文所述，天津大学北洋园校区景观规划设计非常强调功能、生态与审美的多元素融合，主要体现在雨洪管理与使用、审美需求的融合以及雨洪管理与盐碱土改良功能的融合。

1. 雨洪管理与使用、审美需求的融合

根据不同分区景观形象定位的差异，生态化雨洪管理措施的处理手法也各有不同。

中轴核心景观区，其空间突出严谨、秩序、开敞、简洁的氛围（见图 4-2-58），即轴线两侧教学楼前各留出约 5m 的绿化，用来种植乔灌木，两侧绿化之外各留出 5m 宽的通道，方便学生的通行；通道包围的中心部分作为大绿草坪，宽约 20m，绿地之中设置必要的人流通道，边缘设有一些树池和座椅组合，方便学生休息和交流。整个轴线空间呈现出典雅清新、开敞疏朗的特质。平坦的草坪保障了中轴线上的景观有良好的视线交流，突出了轴线上的主要建筑——图书馆。5m 宽通道两侧则以强调轴线秩序感和节奏感为目的，南北各种植两排树形高大优美的银杏，在夏季提供遮荫空间。竖向处理上，集中的绿地轻缓起伏，微小的下凹在不经意间起到了“渗”、“滞”的雨洪管理作用。而轴线东端北洋园的硬质跌水景观水池则兼顾了“蓄”与“用”的双重目标。

图 4-2-58 中心核心区景观效果图

青年湖学生活动区，以向学生提供户外休憩、户外活动场地为主要目标，规划设计音乐下沉广场和太雷广场。音乐下沉广场由一片下沉绿地与绿地中石条和绿篱共同构成。绿地设计标高低于周围环境1m左右，四周由高0.45m的条石与绿篱相间围合，围出下沉式的休闲活动空间。该广场既可举办小型聚会活动，也可作为户外演艺场所，石条可作观众看台坐凳使用，绿篱穿插于条石间柔化线条，营造完美的线性美感。雨季，该场地可容纳四周汇集而来的雨水径流，不仅作为东侧路边植草沟的终端，收集道路径流，亦通过溢流口与大区域的市政管网相接。溢流口高出绿地底标高0.2m，仅当下凹绿地内积水深度超过0.2m时，才会发生溢流。太雷广场位于大学生活动中心前，为保障足够人流的聚集和疏散安全需求，广场大面积采用透水混凝土铺地，并规划设计树阵，树池采用填满鹅卵石的浅坑形式，丰富景观空间的同时兼具储水滞水作用。此外，太雷广场西侧与青年湖衔接处的亲水平台采用了两种阶梯绿地形式，满足亲水需求的同时对入湖径流进行净化，见图4-2-59和图4-2-60。

图4-2-59 大学生活动中心景观实景照片（来源：北洋光影）

图4-2-60 学生活动区鸟瞰效果图

北洋园校区主要以雨水和中水作为景观水水源。利用二期建设用地，规划设计了人工潜流湿地和龙园景观表流湿地，将中水站初次净化后的水体进行再次处理。水体中污染物和有机质经湿地进行沉淀过滤和分解吸收，净化后补充中心岛区景观水体，保持景观水位以及作为绿化用水（见图 4-2-61）。同时，该湿地也是北洋园校区蓄滞防洪的重要组成部分，其蓄水量可达到 33 589 ㎡。龙园人工湿地不仅是北洋园校区水体净化和生态设计的核心，也是生态湿地景观设施与水生植物造景的有机结合。湿地景观自然、蜿蜒的水岸线延长了水流路径，增加了水体与植物的接触时间，有效提高了净化效率。而丰富多变的地形则塑造出溪流、浅滩、沼泽、岛等不同的生境类型，结合大量乡土的水生、湿生和陆生植物的种植，为校园增添了生机盎然的生态景观，成为校园内亲近自然的绝佳场所，也为学生的课余活动提供了新的选择（见图 4-2-62）。

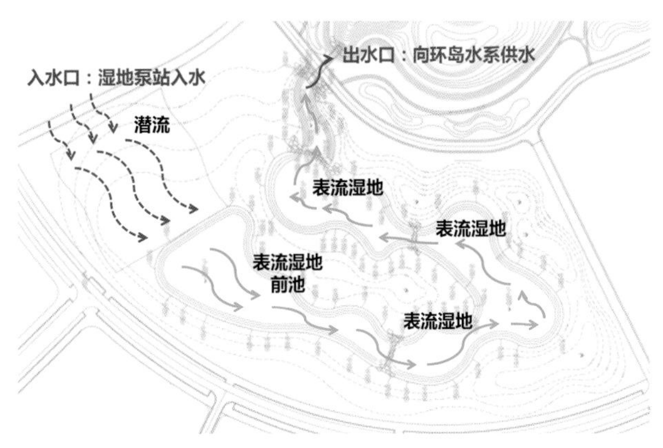

图 4-2-61 人工湿地分析图

图 4-2-62 龙园湿地断面示意图

2. 雨洪管理与盐碱地土壤改良的融合

天津大学北洋园校区所在的天津市津南区，为重盐碱地区，pH 值大于 8.5，全盐量大于 0.5%。项目中，充分利用雨洪管理措施对雨水产汇流过程的影响，在北洋园校区西侧约 60 km² 二期用地范围内，采用“高填土 + 沥水沟”相配合的方式排盐，降低土壤盐碱度，打造校园的苗圃和果林区，并保障外环自然排雨区无管网布设情况下的雨洪安全。沥水沟是一种径流输送技术，深 1.5 m，沟壁、沟底由毛石砌护，用透水混凝砂浆深勾缝，透水性好。伴随降雨过程，雨水入渗，使之携带盐碱成分沥出，排入明沟（见图 4-2-63 和图 4-2-64），从而带离场地。

对于乔（果）木栽植区的土壤改良方案为：将现有厚 100 cm 表层土起出后，在就近场地堆积，按照每平米使用 8 kg 盐碱地专用改良肥，30 cm 厚酸性山皮砂，15 cm 厚腐熟牛粪的比例掺拌均匀。将掺拌后的土方进行摊铺至设计要求的标高。栽植时果木树穴内土壤需进一步改良，用腐熟牛粪:河砂:草炭土 =4:2:1（体积比），参考用腐熟牛粪 0.18 m³/ 穴，山皮砂 0.18 m³/ 穴，草炭土 0.18 m³/ 穴。

对灌木（地被、宿根花卉）栽植区域现状土壤改良方案为：将现有厚 60 cm 表层土起出后，在就近场地堆积，按照每平米使用 8 kg 盐碱地专用改良肥，20 cm 厚酸性山皮砂，10 cm 厚腐熟牛粪的比例掺拌均匀。将掺拌后的土方进行摊铺至设计要求的标高。栽植时对灌木树穴内土壤需进一步改良，用种植土:腐熟牛粪:河砂:草炭土 =5:2:2:1（体积比）；地被及宿根花卉种植区域改良方法为每平米施腐熟牛粪 5 cm，草炭土 5 cm 掺拌均匀。

抬高地坪有利于降低现状土中盐碱成分对植物生长的影响，山皮砂、牛粪等不仅有助于增加土壤肥力，保障苗圃区苹果树、桃树、山楂树等苗木的成活，而且可以明显改善现状土质的渗透性，提高雨水下渗率，促使排盐碱效能的充分发挥，见图 4-2-65 ～图 4-2-67。

项目采用沥水沟，利用降雨实现滤盐洗盐的目标，不仅洗盐效果好、返盐率低，而且兼顾了该片区的雨洪管理，多目标集合特性显著。

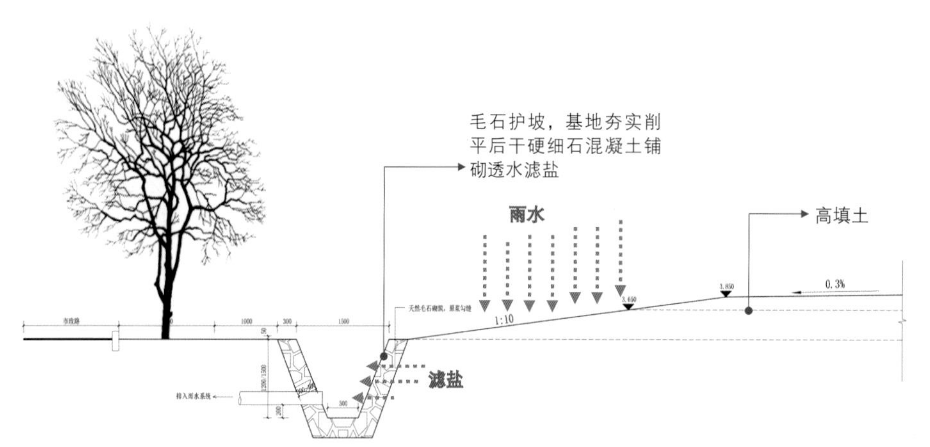

图 4-2-63 砌毛石排盐沟断面图与排盐作用原理

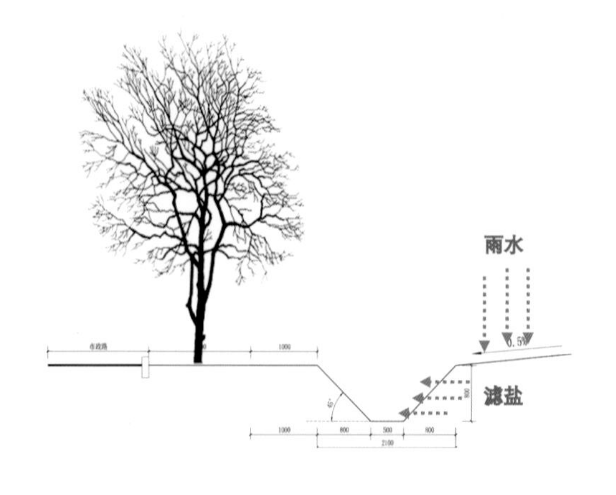

图 4-2-64 排盐土沟断面图

图 4-2-65 苗圃中的排盐沟

图 4-2-66 排盐沟侧壁做法

图 4-2-67 排盐沟砌筑过程

4.2.2.4 多专业综合的景观规划设计方法

天津大学北洋园校区景观工程在方案构思设计阶段，充分强调与总体规划的结合，一方面延续总体规划“一个中心、三个融合”，将天津大学的文脉基因延续的设计理念落实到具体的景观方案细节中去；另一方面则分析和挖掘总体规划布局的特点和优势，巧妙利用水网关系、水系与用地的关系，搭建生态健康、高效绿色的校园环境，特别是“自然做功”的雨洪管理系统。

在方案深化设计阶段，则注重设计方案的落地性和设计细节的合理性，与编制北洋园校区水资源综合利用专项规划的团队充分沟通交流，提出适合于不同功能区的景观化雨洪管理措施，并进一步就其功能有效性与环境工程、水文工程、水力工程方面的专家、教授展开深入细致的讨论，对方案的可行性进行定性、定量的论证。经过北洋园校区规划集雨区可产流量计算、规划集雨区可利用雨水径流量与景观补水需求量对比、水资源系统水量平衡分析、河湖水系调蓄能力计算后，对校区低影响开发雨洪管理措施的功能、规模以及形式进行核准，确定最终方案。

4.2.3 案例总结

天津大学北洋园校区景观工程项目是海绵城市建设理念和方法系统、全面应用的一个典型案例。该案例秉承“安全管理为首，资源利用为继”的雨洪管理策略，以总体规划为基础，构建了多层级分区的雨洪管理系统宏观框架。在此基础上，充分考虑不同分区的场地条件、功能定位及景观氛围，提出了针对各区具体情况的低影响开发措施，并与现状及规划河湖水系紧密联系，与市政管网、溢流系统密切配合，由此搭建起一套完整高效、生态绿色的校园海绵系统。景观设计团队在海绵系统的景观表达上，注重与百年老校文化基因相融合，与新时期校园使用需求相契合，兼顾文脉延续与生态可持续。该案例很好地诠释了海绵城市建设指南中海绵城市建设“规划引领、生态优先、安全为重、因地制宜、统筹建设”的五项基本原则及建设途径，为海绵试点城市建设，特别是新城区建设提供了有价值的借鉴。建成后效果见图 4-2-68 ～图 4-2-74。

图 4-2-68 北洋园校区航拍鸟瞰图 来源：王聪彬拍摄

图 4-2-69 北洋园校区实景照片
（上图来源：北洋光影　下图来源：作者拍摄）

图 4-2-70 北洋园校区实景照片
（上图来源：北洋光影　下图来源：韩宝志拍摄）

图 4-2-71 北洋园校区实景照片
（上图来源：北洋光影　下图来源：作者拍摄）

图 4-2-72 北洋园校区实景照片

图 4-2-73 北洋园校区实景照片

图 4-2-74 北洋园校区实景照片

4.3 天津蓟县于庆成雕塑园景观规划设计

项目类型	从地形特点出发，注重乡村景观特色营造的主题文化雕塑公园
项目地点	天津市蓟县县城北侧，府君山脚下
设计方	天津大学建筑设计与城市规划研究总院风景园林院
设计人	曹磊 王焱 田鹏 王坤 席丽莎
主要内容	以乡村特色景观营造为核心特点。充分挖掘项目所在地山地基底条件的造景潜力和限制因素，将山地公园景观营造与山区山洪疏导、管理相结合，形成山地特色景观。另外，在公园内引入蓟县本地民间雕塑大师于庆成反映民间生活的雕塑作品，增加公园的游览趣味，增强景观文化性
建设期	规划设计：2012 年 建设施工：2014 年
场地信息	建设面积：5.3 万 m^2 绿化面积：4 万 m^2 场地水文环境情况：项目所在地地形变化大，坡陡且弯道多，雨后易形成山洪
降雨条件	850.3 mm/a

4.3.1 案例阐述

项目位于蓟县中部、中心城区北侧，府君山脚下。基地南面紧临北环路，东临蓟县地质博物馆，南至天津蓟县国家地质公园，距离独乐寺 2.2km，距离于桥水库、南翠屏度假中心 7km，是蓟县文化设施、旅游设施、生态设施的重要节点。

作为以雕塑为主题的公园景观规划设计项目，设计团队将现场踏勘与资料查阅相结合，在明确了基地自然条件与地区景观文化特色后，提取当地特色材料叠层岩与蓟县本地雕塑大师于庆成雕塑作品的灵魂——泥土作为公园造景的两个基本要素，并采用大地艺术的造景手法对二者加以灵活运用和巧妙融合，一方面强化雕塑主题，将园内建筑、景观和雕塑融为一体，创造蕴含厚重乡土气息的山地特色景观；另一方面关注场地的景观生态功能，针对场地极易出现的山洪问题，提出贯彻海绵城市理论的基于雨洪管理的生态型园林绿地设计，结合基地地形、水文、植被条件等因素艺术化、生态化地规划设计雨水径流缓冲带。景观草图见图 4-3-1。

蓟县于庆成雕塑公园具有山地特点的地域化大地艺术

创造通过模仿泥土裂变和叠层岩肌理的设计手法而实现（图 4-3-2 和图 4-3-3）。蓟县于庆成雕塑公园结合山地特点的地域化大地艺术灵感来源有二：其一是“捏泥巴”的概念，雕塑园的景观是在展现泥塑逐渐成形的过程，以此来诠释大师的雕塑艺术的神韵，将雕塑、建筑与景观设计融为一体，形成自然的共生结构。在景观道路广场的设计过程中选取了泥塑中泥土裂变机理，并将其抽象变形，形成独特的铺装形式，给人一种浑然天成的视觉体验，更好地烘托出于庆成雕塑中的民俗之美。其二是叠层岩肌理的应用，叠层岩是地球上已知的最古老生命化石，被誉为“大地的史书”，世界闻名的中上元古界地层剖面保护区就在蓟县境内。叠层岩形态特殊，纵剖面呈向上凸起的弧形或锥形叠层状，既有很高的科学价值，又有很高的艺术价值和收藏价值。于庆成雕塑园景观规划设计同时借鉴了叠层岩成型、岩浆流淌的概念，从场地高处的雕塑博物馆区域“流淌”至场地低处的入口区，道路广场在绿化间层层叠叠、蜿蜒曲折，形成独特的大地艺术景观。园内的卵石旱溪是雨洪管理系统中重要的组成部分，它自场地高点至入口低处串联整个场地，蜿蜒而曲折。卵石旱溪配合沟内花草植物的种植，不仅有效降低了径流的汇流速度，借助植物根茎的吸收起到一定滞留作用，而且显著突出了山野独特的景观效果和氛围。基地东侧规划设计的梯田也同样具有较强的雨洪管理作用。

于庆成雕塑园的景观在设计过程中还非常注重以人为本的理念，创造出了一个连续的、集合的、多元的、开放的生态景观结构。在进行景观设计过程中不仅考虑雕塑的主题、形式、材质，同时还要考虑雕塑对环境的影响及其与公众的互动与对话关系。乡土景观与大地艺术都用最简单有效的方式表达自己对自然的感受，因此这两种因素结合的景观设计能更好地烘托出于庆成雕塑中的乡土之美。景观总平面图见图 4-3-4。

图 4-3-1 雕塑园景观草图

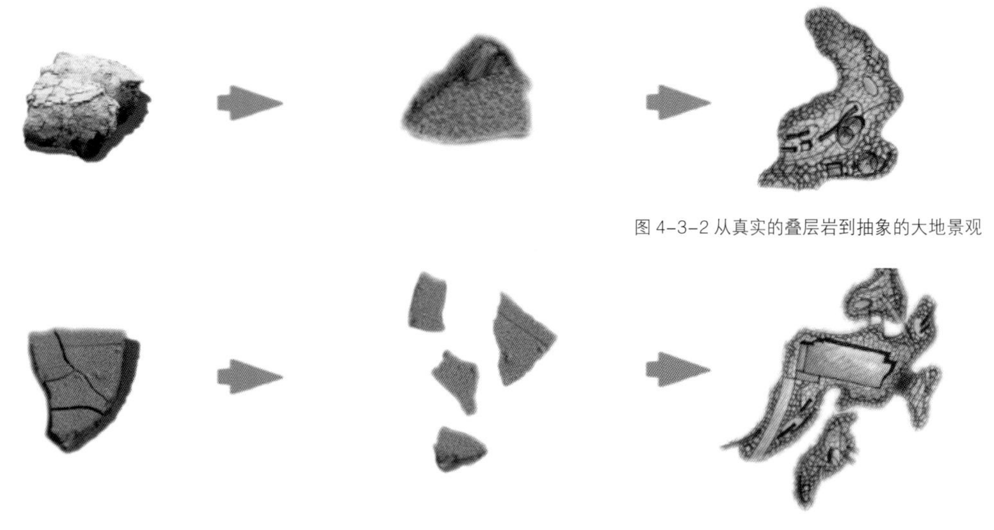

图 4-3-2 从真实的叠层岩到抽象的大地景观

图 4-3-3 从泥土塑形、泥块分裂到景观构图形式示意图

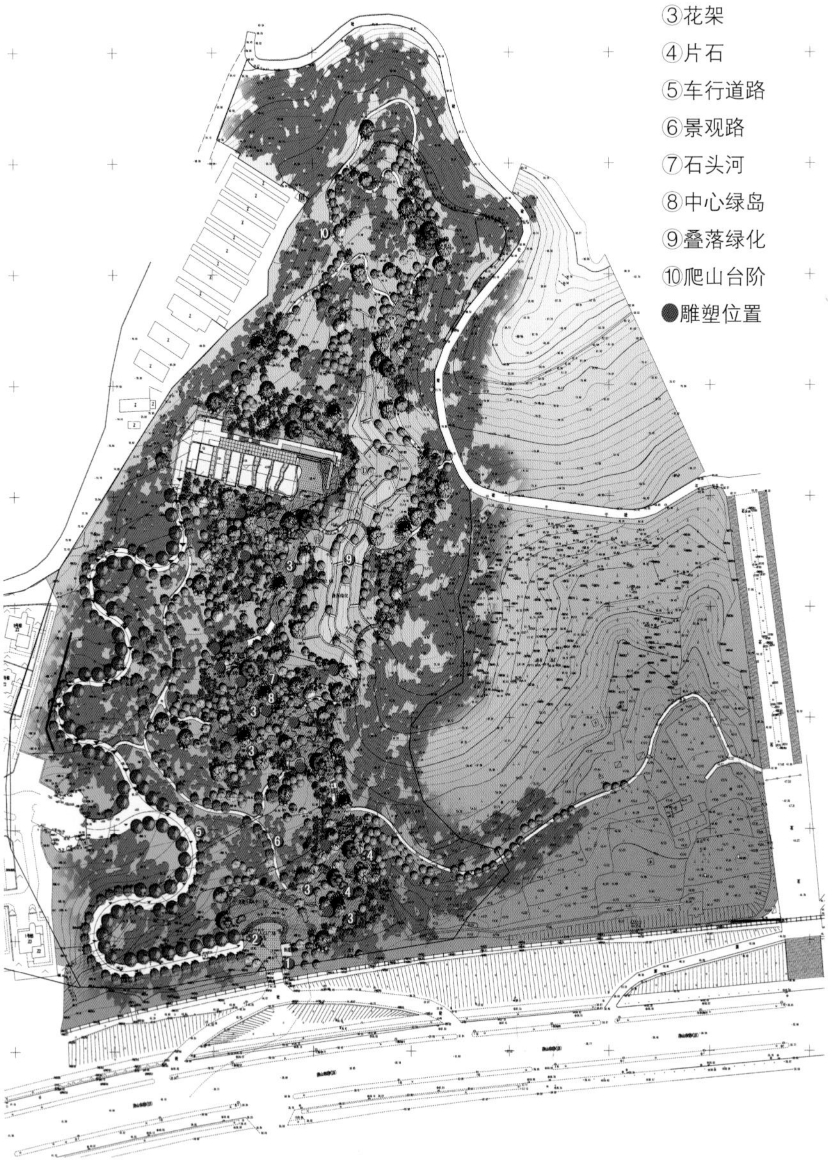

①铁路用房
②标志墙
③花架
④片石
⑤车行道路
⑥景观路
⑦石头河
⑧中心绿岛
⑨叠落绿化
⑩爬山台阶
●雕塑位置

图 4-3-4 雕塑园景观总平面图

4.3.2 案例分析

4.3.2.1 构建弹性的海绵系统——因势利导、蓄排结合

项目所在地位于蓟县府君山西南面冲沟内，蓟县雕塑博物馆坐落在冲沟的中上部。府君山所在的天津地区降雨情况以四季降雨量不均为突出特点。根据天津市水利科学研究院提供的资料，天津地区夏季降雨占全年降雨量的78.5%，且又都集中在七至八月份，约占全年的58%。集中降雨与冲沟地势使得雕塑博物馆在集中降雨期面临着十分严重的山洪威胁。因此，雕塑公园景观规划设计在配合雕塑博物馆使用功能，营造雕塑主题景区的同时，更要面对如何保障园区防洪安全，降低建筑山洪威胁的问题。

与城市雨水径流的汇集过程相比，山区雨洪汇集速度更快，汇集面积更大，汇流量更多，相伴随的冲刷力度也更强。针对山洪的上述特点，设计团队以“因势利导、蓄排结合”为适应于项目具体情况的雨洪管理方针。

“因势利导”主要体现在规划设计了北起制高点，向南连至山脚市政管网的旱溪。旱溪自由曲折地将沿途若干低地连接成线，以最小的工程量疏导水流，使水流尽可能按照设计师的预想，遵循避开建筑、避开聚集地、停车场的原则流出。例如，旱溪路绕开博物馆，疏导水流从建筑旁经过，有效削弱了山洪对建筑的威胁。旱溪以鹅卵石填充，耐冲刷，卵石间的缝隙、孔洞为当地乡土植物的生长创造可能，也为蓄积雨水创造空间，为净化雨水提供基质。这些分散化的小空间，累计在总面积达1 200㎡的旱溪内，其蓄滞量可达到360㎥。旱溪蜿蜒迂回的形式通过延长雨水的流经路径，有效减缓了径流的汇集速度，降低了水流的冲刷强度，同时也营造出特色的山地景观。旱溪纵贯场地南北，以各凹地为转弯点，小雨蓄滞、大雨排洪，构成了本项目弹性海绵体的主构架，见图4-3-5～图4-3-7。

图 4-3-5 景观鸟瞰效果图

图 4-3-6 卵石旱溪实景图

图 4-3-7 卵石旱溪实景图

“蓄排结合”则体现在场地东面充分利用冲沟与东侧山体间高差 10m 的坡地，依山就势，规划设计山区乡村典型的梯田景观。梯田景区位于冲沟内项目场地与沟外山体之间。这些沿着等高线方向修筑的波浪式阶台地，作为过渡区，犹如隐形水库，滞留从场地东侧汇入的产流，并将其蓄积起来，在一定程度上减少了项目区内的径流总量，降低水流对山体的冲刷，保土蓄水，减轻降雨对下层核心景观区构成的威胁。梯田埂利用当地石材堆叠而成，降低成本的同时强调了梯田景观与周围山地环境的融合。同时，梯田也是一种雨水再利用的方式，这里共分为五级，四个梯田面种植有玉米、棉花、向日葵等农作物，利用下渗蓄积的径流浇灌，产生环境、经济效益（如图 4-3-8 ～ 4-3-10）。

此外，为了避免山地景区雨后车行道路上径流漫流造成的通行安全隐患，沿路两侧设置砾石边沟，收集路面雨水，疏导水流的同时进行过滤等预处理（如图 4-3-11）。

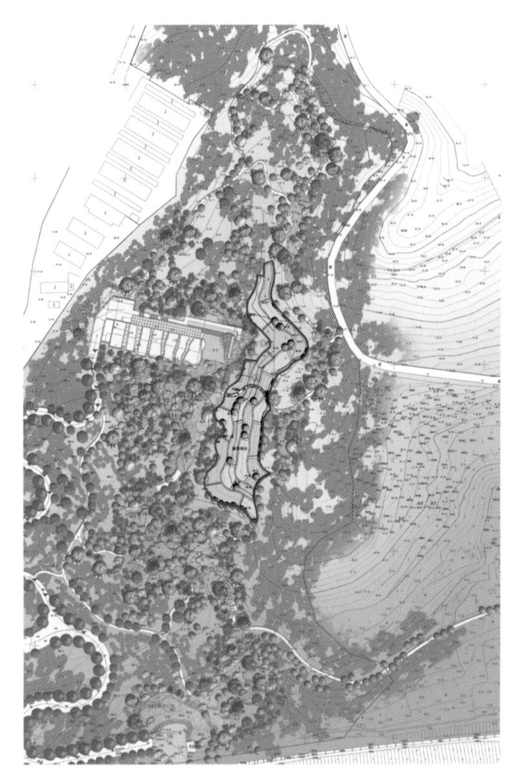

图 4-3-8 冲沟与东侧山体间的梯田景观

图 4-3-9 梯田景观实景图

图 4-3-10 梯田景观实景图

图 4-3-11 车行道边沟实景图

4.3.2.2 创造宜人的景观感受

雕塑博物馆是公园主景观“流淌”的起点，主景观铺装在绿化间层层叠叠、蜿蜒曲折，形成独特的大地艺术景观。景观设计结合地形，将雕塑景观与“泥块”肌理的艺术铺装地面、旱溪、梯田等景观融为一体，配以跨溪石桥和灌草，营造层次丰富、舒适宜人的景观感受。运用加色混凝土仿造于庆成雕塑家常用的“泥块”材质质感，塑造自展览馆“流淌”而下的园区主要活动空间——于厚土滋养及压迫中的扭曲而活泼、厚重而自由的园区“平面雕塑”，沿山体纵贯南北串联起园内入口景区与三个主题雕塑区。

入口景区位于场地南侧，紧邻北环路，是于庆成雕塑园的主要人行、车行入口，也是提供游客集散、娱乐、休憩的重要场所。入口景区以象征叠层岩肌理形式的挡土墙作为入口景墙进行设计。墙面呈弧形曲线，效仿起伏山形地势的同时增强动感，形成空间视觉中心。挡土墙墙面材质的选择及绿化方式也经过精心设计，选用攀爬类植物植于墙顶处的种植穴中，以软化挡墙的硬质景观效果，改善景墙周围的生态环境，促进自然景观与人工景观的交融，融入周边环境，突出主入口雕塑的艺术性。入口景区鸟瞰效果见图 4-3-12，卵石旱溪实景照片见图 4-3-13，入口区实景照片见图 4-3-14。

图 4-3-12 入口景区鸟瞰效果图

图 4-3-13 卵石旱溪实景照片

三个雕塑主题组团分别是代表“乐”的——欢乐童年；代表“礼”的——和谐乡村；代表“孝”的——温馨夕阳区域。其中和谐乡村又分为“好日子”“多彩生活”及“和谐生活”三个雕塑群。 组团区位见图 4-3-15。

（1）乐——欢乐童年主题。代表“乐”的欢乐童年区位于雕塑园南入口区域，共有 12 组计 29 个儿童形象雕塑。雕塑生动形象地展现出生命的纯真、欢乐与希望。作为入口雕塑群，欢乐童年区设计于项目的南入口处寓意人生阶段的起点，也是对当代蓟县的民俗文化与人文风情的进一步诠释和体现（见图 4-3-16）。

图 4-3-14 入口区实景照片

图 4-3-15 三个雕塑主题组团位置

图 4-3-16 实景照片

（2）礼——和谐乡村主题。和谐乡村主题区以表现新农村生活的精神面貌为主题，共计 17 组雕塑，可分为三个主题雕塑群。分别是表现农村人与人之间和谐交往的和谐生活主题雕塑群；表现农村生活中的诙谐、温馨、乡情的多彩生活主题雕塑群；表现农村生活日新月异、蒸蒸日上的好日子主题雕塑群。

（3）孝——温馨夕阳主题。该主题区表现乡村老人晚年的悠闲生活。有一组雕塑，为“妈妈吃啥我买啥”，表现孝顺主题。

梯田景区也是园内主要的景观区之一。梯田与地形完美结合，有浓郁的乡土气息和鲜明的地域化景观特点，层层叠叠的梯田不仅具有农业生产、生态景观的功能，还兼具雨洪滞蓄功能，见图 4-3-17。

图 4-3-17 实景照片

4.3.2.3 满足多重的功能需求

雕塑园设计遵循于庆成雕塑家的雕塑创作艺术思想和理念，并进行景观设计演绎，运用大地艺术手法，植根于原始、朴实的乡土环境，使整个园区的铺装系统宛如从大地中生长出来，并围绕园区中的主题雕塑作品，通过景观设计营造生活、生产、娱乐以及人们的喜怒哀乐的场景。

景观设计时关注场地的景观生态功能，提出基于雨洪管理的生态型园林绿地设计，充分考虑基地地形、水文和植被条件，活动场地中间多留有大小不均的自由形绿地，采用微下凹形式，种植乡土地被花卉，及造型优美的乔灌木，形成场地中的自然景观节点（见图 4-3-19 ～图 4-3-21），或作为展示雕塑作品的软质背景，形成文化景观节点。这些绿地犹如海绵中的孔洞，可滞留四周水泥硬质地面产生的部分雨水径流，促进下渗，提高了场地雨洪调蓄能力，实现地上径流与地下水的沟通。与旱溪相比，这些绿地对雨水径流的管控环节处于完整水循环系统的上游环节，更充分体现了源头治理的低影响开发思想。

图 4-3-18 雕塑公园景观效果图

图 4-3-19 自然景观与文化景观节点

此外，如前所述的旱溪、梯田也是本项目中景观营造与雨洪管理功能结合的重要载体。在本案例中，它们还实现了多种生物生境的塑造。旱溪大部分区段宽且浅，雨后沟内水位变化非常明显，干湿交替频率高，且存在大量孔隙，这为芽孢杆菌、产碱菌等对动植物无害的净水微生物的生长创造了极佳的生存环境，助于场地生物多样性的提高。梯田的处理方式则将场地东部地块的地形由陡坡改为了多级台，地形的变化使得该地块由水流的通过区转变为蓄积区，从而实现了农作物在山地的种植、丰收。不仅如此，方案构思阶段，设计团队还在山脚旱溪末端规划设计了一个集水塘。集水塘可以说是乡村的典型景观形式之一，每到夏季时的蛙鸣鸭噪，成为乡村生活的鲜明代表，同时其亦可作为雨洪管理系统输水系统末端的集水要素。但后续在建设阶段，受客观条件制约未能实施。

图 4-3-20 雕塑园实景照片

4.3.3 案例总结

天津蓟县于庆成雕塑公园景观建设项目是海绵城市建设理念与措施结合山区地形特点、进行艺术化创作应用的一个典型案例。设计团队受到于庆成雕塑家反映乡村生活雕塑作品的启发，提出大地艺术景观设计概念，并进一步针对项目中存在的园内建筑受到山洪威胁、基地东北侧坡陡存在滑坡隐患以及硬质地面增大山区产流量三个主要问题，提出运用旱溪、梯田以及下凹绿地（旱溪）三种雨洪管理措施构建场地海绵体系的解决方案。这三种措施的方案设计均采用了效仿“泥土裂变”和“岩浆流淌、叠层岩成型”的景观设计手法，形成了乡野气氛浓郁、地域化特点明显的大地景观，实现了“捏泥巴”式的雕塑与建筑景观完全融合，为我国各地不同自然环境下、文化背景下海绵城市的特色化景观风貌营建提供了难得的借鉴。

图 4-3-21 雕塑园实景照片

4.4 天津大学阅读体验舱景观设计

项目类型	兼顾教学科研功能的校园创意空间营造
项目地点	天津市南开区卫津路 92 号天津大学附属中学院内
设计方	天津大学建筑设计与城市规划研究总院风景园林院
设计人	曹磊 杨冬冬 王焱 付建光 王忠轩 刘志波 高艳军 石磊 沈悦
主要内容	以雨洪管理作为场地景观营造的核心特点，解决场地内涝积水问题的同时，将雨洪管理功能与由废旧集装箱搭建起的创意阅读景观空间有机融合。一方面，作为室内阅读空间的外延，满足学生、教师以及科研办公人员户外休憩、思考、交流的需求；另一方面，作为天津大学风景园林系“海绵城市建构模式与效能评估”实验基地，满足教学展示和科学实验的需求
建设期	规划设计：2015 年 建设施工：2015 年
场地信息	场地规模：710 m^2 建筑面积：253.2 m^2 场地水文环境情况：项目位于原天津大学附属中心的操场上，场地下垫面包括集装箱铁质屋面和操场胶皮面两种，均为硬质面，透水率为零。阅读体验舱建成后，场地原有自北向南的汇水路径被阻隔，排水路径不畅，造成雨后舱前积水的问题
降雨条件	602.9 mm/a

4.4.1 案例阐述

天津大学建筑学院阅读体验舱是利用集装箱重新组合、拼接搭建起来的构筑物，建于原天津大学附属中学前广场西侧。由于附属中学的迁出，操场作为运动场地的功能需求明显减弱（见图 4-4-1）。为了充分利用校园空间，在原附中广场西侧、建筑学院本科教学楼对面修建了阅读体验舱，作为教学空间的延伸，丰富学生阅读、自习空间（见图 4-4-2）。

阅读体验舱新颖独特的建筑形式、现代舒适的阅读交流空间，得到了师生的广泛好评，在此举办了形式多样的活动。但是建成后，经过几次降雨后发现阅读体验舱入口前区域积水问题突出明显（见图 4-4-3），成为体验舱景观设计项目需要解决的主要问题之一。

图 4-4-1 原天津大学附属中学操场

图 4-4-2 天津大学阅读体验舱效果图（由天津大学 AA 建筑创研工作室提供）

图 4-4-3 阅读体验舱前的积水问题

阅读体验舱所在的原附中操场，南低北高，场地水文环境简单、清晰。体验舱建成前，场地原有的产汇流过程为雨水径流向位于场地南侧边缘的雨水井汇集排出，汇流路径短直，汇流速度快。据原附中的老师学生回忆，以前场地无内涝积水问题出现。而体验舱落成后，由于其位于场地南侧正中，且东西跨度较大（44.7m），故场地原有自北向南的汇水路径被阻隔，排水路径不畅是阅读体验舱建成后，门前积水的主要原因（见图 4-4-4）。

不仅如此，阅读体验舱所在的西南汇水区，其下垫面包括集装箱铁质屋面和操场胶皮面两种，均为硬质面，透水率为零，场地产流量大。为保障景观设计的科学合理性，项目前期研究团队对操场胶皮面下的构造做法进行现场观测，得知阅读体验舱所在场地的下垫面为 4 层构造，自上向下为 8cm 胶皮层，15cm 沥青层，10cm 灰土层，15cm 砂石垫层以及自然土层。由此可知，要下挖近半米至自然土层，场地才可能实现自然下渗。

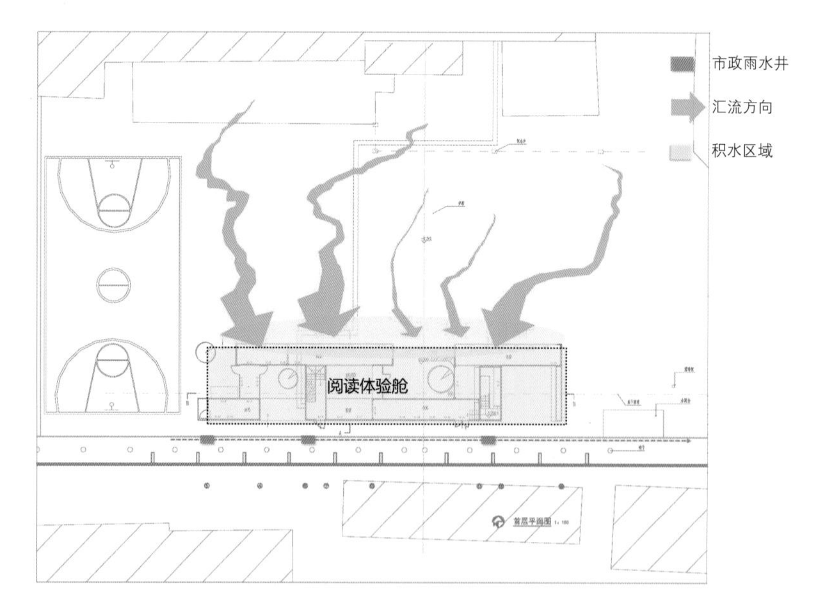

图 4-4-4 体验舱前积水成因分析

针对场地内涝积水的主要问题和下垫面透水性为零的不利因素，考虑体验舱前有举办全院公共活动的需求，因此在阅读体验舱景观设计过程中保留了舱前原有场地的开敞性和完整性，而选择在舱体至院墙的狭长空间中，充分利用低影响开发措施、市政管网、排水管网等要素，集中设计了雨洪调蓄系统、废水与径流的污染控制系统、水资源再利用系统三个相互关联的子系统，通过灰绿基础设施的耦合，构建出兼具雨洪调控、净化径流功能的海绵体。同时，三个子系统在体验舱的背侧创造出郊野氛围浓郁的半私密空间，与由废旧集装箱搭建起的创意阅读空间有机融合，作为室内阅读空间的外延，为需要诵读的学生、需要商讨的师生、感到倦意的读者提供了一个更为自然、轻松的景观环境。海绵系统中的绿色要素（包括砾石沟、植物过滤带、潜流湿地、滞留池等）布局巧妙，它们或穿插于建筑的负空间中，或依傍于舱体一侧，不仅有效加强了建筑室内外空间的连贯性、整体性，而且通过不同景观形式的塑造，为阅读体验舱创造出了充满趣味、变化的户外空间，明显提高了阅读环境的舒适度和多样性。

以《海绵城市建设导则》中天津市85%年径流总量所对应的1小时总降雨量37.8㎜为场地降雨边界条件，计算模拟结果显示，该设计方案的实施，一方面可以有效削减峰值径流流量，增建海绵系统后峰值流量仅为建设前的37.6%；另一方面，该设计有效减缓了地面产汇流过程，增建海绵系统后峰值流量出现的时间较建设前滞后75min（见图4-4-5）；最后，在降雨总量方面，实现了对10.6%降雨总量的蓄滞再利用，雨洪调节能力明显。景观方案总平面图见图4-4-6。

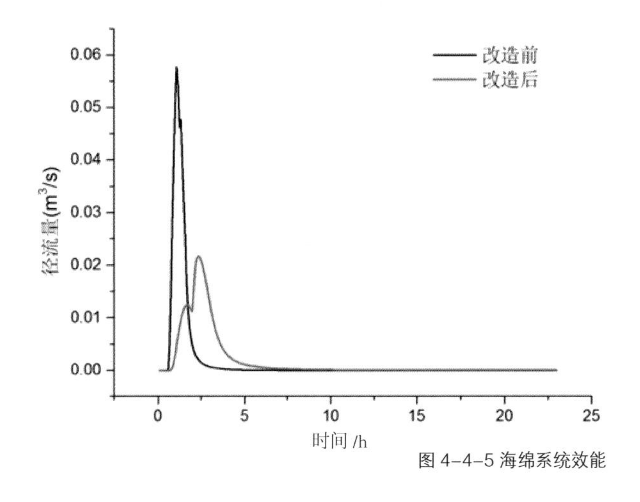

图4-4-5 海绵系统效能

图4-4-6 景观方案总平面图

4.4.2 案例分析

4.4.2.1 构建弹性的海绵系统——灰绿基础设施耦合

在该项目中，针对场地的雨洪内涝问题，结合场地的排水、用水需求，规划设计了涵盖雨洪调蓄系统、废水与径流的污染控制系统、水资源再利用系统的“海绵体”。

1. 雨洪管理系统

如前文所述，场地原为塑胶操场，地表与自然土层被胶皮、沥青、灰土等相隔，不透水层厚度近 50 cm，直接导致场地产流量大的问题。若大范围将场地下垫面更换为透水材质，虽能在一定程度上缓解场地积水的问题，但挖、填方工程量巨大，对场地破坏程度极高。鉴于场地的客观条件，面对降雨后不可避免的大量产流，利用雨水调蓄系统有序组织、管理雨水的汇流过程，成为项目的核心内容。

本项目中，雨水调蓄系统包括环绕阅读体验舱一周的砾石沟、舱体背侧（南侧）与砾石沟并排的植物过滤带、场地墙缘的市政管网以及舱体东侧的原位修复湿地（见图 4-4-7）。由于阅读体验舱前的场地有举办室外活动如毕业典礼、庆祝活动等的功能需求，因此景观规划设计过程中充分保留了舱前场地规整、开敞的景观氛围。较为集中地利用舱体背侧与墙缘 5.6 m 空间规划雨水调控的绿色与灰色基础设施。砾石沟（见图 4-4-9 细节 1）以建筑入口为界，分为两段，沟底分别向东、西两侧倾斜。来自舱前场地的雨水径流首先被收集进入填满砾石的沟内，沿坡降方向穿流于砾石缝隙中，同时得到初步沉淀过滤。北侧砾石沟内还布设有直径 16 cm 的多孔 PVC 管（见图 4-4-9 细节 1），埋于沟底。填满砾石的沟渠与多孔 PVC 管的组合，虽然施工过程非常便捷简单，却巧妙地实现了单项措施雨洪管理功能由蓄转排的自由切换。当降雨强度较小或处于一场降雨的初期，场地排水压力较小时，由于满填的砾石严重缩小了过流断面，径流在沟内的流速缓慢，主要以蓄积形式存留在沟内，表现为沟内水位的不断抬升。而当降雨大且急或者经过一段降雨历时后，为了保障舱体前不积水，场地短时产生的大量径流则需快速地输导至舱后的调蓄空间，否则会由于排水不畅导致积水。管顶布孔的 PVC 管则满足了雨水径流管理方式随降雨强度的不同而改变的需求，即当沟内水位与 PVC 管管孔高度持平后，沟内径流转流入 PVC 管内，随后便可被快速疏导至砾石沟南侧。

体验舱南侧砾石沟与植物过滤带并排布置（见图 4-4-9 细节 2），两者通过砾石沟外侧边壁上的凹槽实现水流的沟通。南侧砾石沟内未铺设多孔管，因此随着径流不断从北侧疏导过来，南侧沟内水位抬升，当其与边壁凹槽底高度持平时，雨水径流由砾石沟溢流至植物过滤带。植物过滤带宽 1.00 m，四段总长 29.3 m，下凹 0.30 m。为保障过滤带内植物的良好生长，施工过程中去除胶皮、沥青和灰土层，在原有土层的基础上覆土 0.30 m。受场地可利用空间约束，下凹的植物过滤带较窄，但滞、渗作用明显。径流经过植物一定程度的过滤净化后下渗，回补地下水，是对砾石沟蓄、输管理能力的有效补充。此外，植物过滤带既通过沿线布设的溢流槽与墙缘市政管网连通（见图 4-4-9 细节 3），也在其东端通过一小段涵管与原位修复湿地连接。涵管底高程低于溢流槽底高程，因此，常规情况下收集的过量径流可通过植物过滤带向终端湿地补水，而在超标降雨情况下，则可就近经过溢流槽向市政系统排水，保障安全。

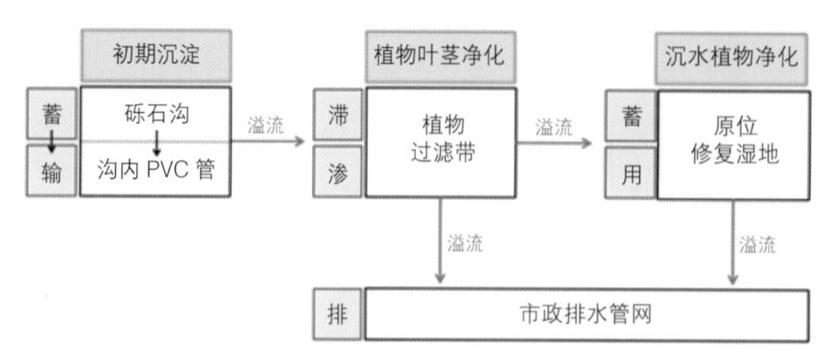

图 4-4-7 雨洪调蓄系统

2. 废水与径流的污染控制系统

本项目不仅重点考虑了针对径流产生量的弹性化调控方式，而且也关注了水质对于环境的影响，规划设计了仿自然过程的水体污染控制系统，由潜流湿地、植物过滤带以及原位修复湿地三模块构成（见图 4-4-8）。

潜流湿地（见图 4-4-9 细节 4）位于体验舱水吧外侧的中庭空间内，承接水吧清洗餐具、水果等的废水，主要污染物包括碗盘油渍、洗涤剂所含的烷基磺酸钠、脂肪醇醚硫酸钠等以及少量的食物残渣。潜流湿地从上游至下游包括配水池、水平潜流型人工湿地以及集水池三个要素。水吧排出的废水首先进入配水池预沉淀，去除大颗粒污染物。当水深达到进水管高度后，水体经进水管下游相连的穿孔布水管进入人工湿地组块进行净化。配水池内布设有上游和下游两根穿孔布水管，两者对侧布置，下游的高程较上游低 10 cm，两者均沿管长方向等距离钻有大小一致的圆孔。这样的构造做法可以有效实现湿地净水填料中水流的均匀化，保障出水水质。水平潜流型湿地主要依靠植物的丰富根系、填料截留以及填料表面微生物形成的生物膜三者协同作用，对污水进行净化。在本项目中，净水填料除了采用了常规的不同粒径级配的卵砾石层，还特别针对废水以油污为主要污染物的实际情况，在人工湿地的上游布置陶粒滤料层。用于水处理的人工陶粒滤料通常是以黏土、页岩、粉煤灰、火山岩等为原料加工而成。针对油污问题，本项目采用的是粉煤灰净水陶粒，其在物理微观结构方面表现为粗糙多微孔，比表面积大、孔隙率高、强度高、耐摩擦、物化性能稳定，不向水体释放有毒有害物。这些物理特性使得粉煤灰陶粒不仅吸附截污能力强，还特别适合于微生物在其表面生长、繁殖，提高净水效率。另外，此类滤料空隙分布较为均匀，可克服因滤料层空隙分布不均匀而引起的水头损失大，易堵塞、板结的问题。湿地表层的植物选用了耐寒喜湿的千屈菜。

与潜流湿地不同，植物过滤带与原位修复湿地均主要利用浸没在水中的植物叶、茎基部的生物膜完成水质净化。鉴于植物过滤带与原位修复湿地水文环境的明显差异，前者因间断有水，故主要选用耐湿亦耐旱的陆生植物如鸢尾、旱伞、菖蒲等，起到过滤和初级净化的作用。而原位修复湿地则栽植了大量的沉水植物，包括狐尾藻、竹叶眼子菜、伊乐藻以及苦草。这些沉水植物作为初级生产者，能大量吸收水体、底泥中的氮、磷以及部分重金属元素。另外，由于沉水植物整个植株都浸没在水中，因此其光合作用产生的氧气可全部释放到水体中，增加水体的溶氧量，促进有机污染物和某些还原性无机物的氧化分解，从而起到净化水体的作用。

由此可见，项目规划设计了一套模拟自然净化过程，不同净水措施并、串联混合连接的污染控制系统。由于雨水径流与水吧废水的污染程度和污染物不同，污染控制系统上游采用并联模式，即水吧废水与收集的雨水径流分别连接着两个独立运行的净水模块。废水连通水平潜流湿地集中去除油污、洗涤剂中的活性剂，收集的雨水径流得到植物过滤带上游段的预沉淀，过滤大颗粒污染物。随着两种水体中待进一步净化物的趋同（以氮、磷为主），污染控制系统下游采用串联方式，即均通过植物过滤带下游段汇入原位修复湿地进行最终的水质提升。

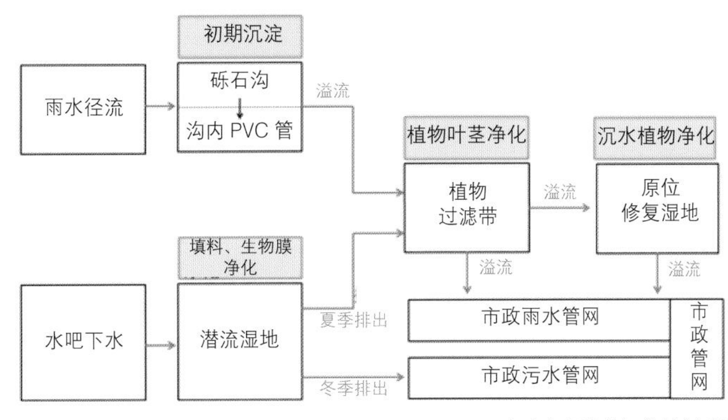

图 4-4-8 废水与径流的污染控制系统

3. 水资源再利用系统

雨水径流和水吧排放的废水得到净化后，储存在原位修复湿地中，以坑塘景观形式存在，不仅结合水生、陆生植物的种植，在场地中塑造出一个自然、生态的水景观节点，而且通过提升泵的作用，贮存其中的雨水可主要用于两个用途：其一用于植物灌溉，增加场地植物量；其二作为消防储水，实现雨水资源、中水资源的循环再利用。

综上所述，基于场地透水率为零，原排水路径被阻隔的问题，规划设计的砾石沟、植物过滤带以及湿地作为LID措施发挥着雨洪调节典型的蓄、渗功能，可以实现小雨时场地雨水的自然积存、自然下渗。而整个雨水管理系统中，埋于砾石沟内的多孔管以及位于系统终端的场地原有市政管网则通过与LID绿色基础设施的耦合大大提高了整个雨水管控系统的“弹性”范围。PVC管上的孔洞、砾石沟边壁、草沟边壁以及湿地的溢流槽均实现了雨洪调控系统功能由“蓄”到“排”的自由切换，使得场地即使面对超标降雨仍可避免内涝积水问题的出现。此外，规划设计不仅关注了从降雨、产流到坡面汇流的自然水文循环过程，也结合场地具体情况，还考虑到了体验舱从供水、用水到排水的人工水文循环过程，通过污染控制系统与雨水调节系统的巧妙结合，实现了场地水资源的循环再利用，构建起完整的海绵体（见图4-4-9细节6和图4-4-10）。

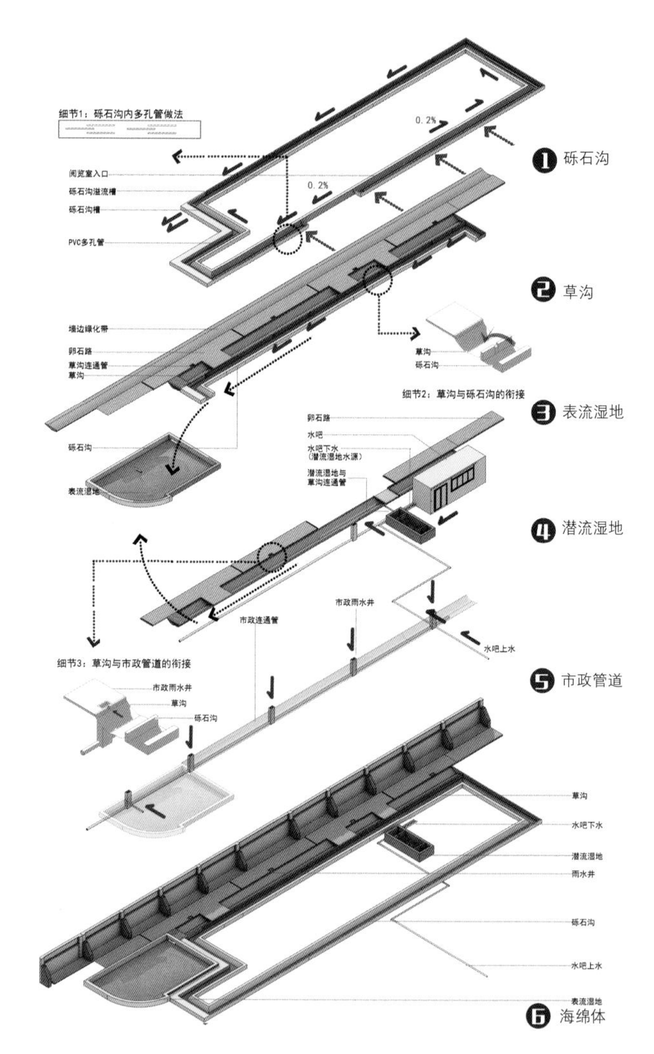

图4-4-9 海绵系统构成要素及布局

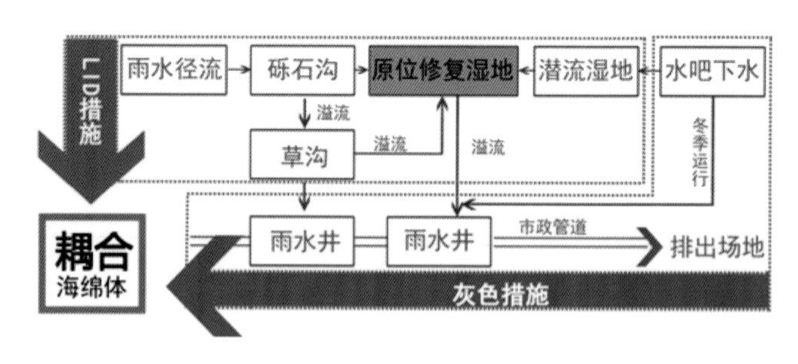

图4-4-10 灰绿基础设施耦合的海绵系统运行模式图

4.4.2.2 创造宜人的景观感受

由场地内涝积水问题而引发的水环境改善与景观规划设计，既要承载针对降雨的弹性管理与调节，还需将雨水视为场地环境中一种有趣的设计元素予以展示，使场地中的人可以看到、感受到雨水径流产生、汇集、溢流、传输以及停滞的完整过程。被雨水润湿的砾石呈现出较比常态砾石更为黝黑的颜色，人们可以从砾石颜色的差异中感受到沟内雨水的悄然流动，与体验舱作为阅览空间的静谧氛围相呼应。

溢流槽的布设不仅是决定雨水径流流动方向的重要因素，也是对雨水在不同调控措施之间游走痕迹的表露，使人们可以更为直观地看到系统及系统中各环节的运行，而溢流槽上下游高差的设计则赋予水体以流态变化，为由植物过滤带、砾石沟、卵石路构筑而成的带状序列空间增添强烈的视觉吸引点。

带状空间终点处规划设计的湿地坑塘，对净化后的雨水和废水进行集中展示，结合驳岸设计和乡土植物种植，提供了一个可以亲水、观水、戏水的停留空间。

该景观规划设计项目很好地说明，消除雨洪影响的方式多种多样，但传统工程化、灰色的方式缺失审美和文化元素。而本方案则致力于将雨洪管理与服务读者有机结合，提供更舒适的景观体验。

图 4-4-11 实景照片

4.4.2.3 满足多重的功能需求

1. 雨洪管理与使用、审美需求的融合

本项目的规划设计十分注重场地功能的融合。如前文所述，项目场地原为操场，在增建以阅览、沙龙活动为主要功能的构筑物后，使用者对场地空间提出了新的功能要求，即在原有完全公共、开敞的场地中增加半私密性空间，满足学生、教师以及科研办公人员户外休憩、思考以及交流的需求。但鉴于体验舱前有举办全院公共活动的需求，因此规划方案中保留了舱前原有场地的开敞性和完整性，而选择集中利用舱后侧与院墙所夹的带状空间，在实现雨洪管理功能的同时创造介于公共与私密之间的半私密空间。具体设计中，体验舱四周由宽 65 cm 的砾石沟围合，雨洪调蓄方面，其收集疏导建筑四周汇集的雨水径流。而在空间塑造方面，连贯、满铺砾石的沟槽通过与地表暗红色橡胶材质的对比，在略显混杂的旧有场地中，简洁而有效地界定出体验舱的对外边界，强化了舱体整体性。特别是在舱体后仅 5.6 m 宽的带状空间中，砾石沟作为建筑体与景观绿化的过渡带，使集装箱这种强烈的城市人工景观与植物过滤带、墙缘的乡土花草景观有机结合起来。

规划设计充分利用了舱体背后空间，并使之与建筑的负空间、出入口、转折点等相结合，形成了功能多样、形式相异的自然湿地景观。其由规整、顺直的植物过滤带连接，强化完整空间序列的同时，补充了视觉和驻足停留的焦点，使通行步道与半私密的交流空间相融合。此外，充分利用原位修复湿地水面集中、挺水植物群落丰富的特点，将该湿地位置选择在体验舱转角区的大片落地窗前，形成室内外景色的互动沟通，使读者在体验舱内亦可感受到自然景观的舒适怡然。

2. 雨洪管理与海绵城市教学实验功能的融合

阅读体验舱的景观规划设计不仅满足了读者、师生对于阅读空间景观品质的要求，而且具有宣传海绵城市建设理念，促进师生、民众了解雨洪管理方法的示教作用，有助于在参访人中确立“雨洪管理与景观建设可同步实现”的观念。天津大学建筑学院风景园林系将该项目作为“海绵城市建构模式与效能评估”实验基地。为方便项目建成后的实验观测、数值采集，建设过程中对部分措施的构造设计上进行了改造。如砾石沟专门用带孔钢板分割出无砾石填充的监测段，底部下凹 3 cm，便于多普勒流速仪取值等。同时，安放了展示雨洪管理运行模式、功能的解说牌，一方面辅助教学，向学生展示低影响开发措施的功能和做法；另一方面作为原型试验基地，雨季展开原型监测和相关科学实验，对海绵城市单项措施、措施组合系统进行效能分析评估。

4.4.2.4 多专业综合的景观规划设计方法

项目从设计到施工的完整过程，均有来自景观规划设计、水利工程以及环境专业的研究人员和工程师的全程参与。场地的竖向设计、不同雨洪管理措施溢流口之间相对高程的设计，均通过设计师与施工人员在现场的反复推敲试验确定，以保障 LID 措施间的沟通优先于其向市政管网的溢流。环境工程师针对水吧废水的污染物特点对潜流湿地内填料的材料和比例进行了针对性调整。

特别是，该项目还特别引入 SWMM 模型（Stormwater Management Model，暴雨洪水管理模型），通过对场地建设前后水文环境（产汇流过程）的模拟比较，辅助景观设计方案的形成。SWMM 模型是美国环境保护署开发的一个动态的降水—径流模拟模型，可得到径流水量和水质的短期或连续性结果。本项目中，根据场地平面竖向及管网图，将相关区域共划分子汇水区 124 个，铰点 17 个，管段 21 个，分流器 4 个，出水口 1 个。模型界面如图 4-4-11，包含黑色方点的几何形网格即为各子汇水区，黑色方点为其所在子汇水区的几何中心；图下边界处的黑色圆点为管道节点；黑色粗实线为管段。

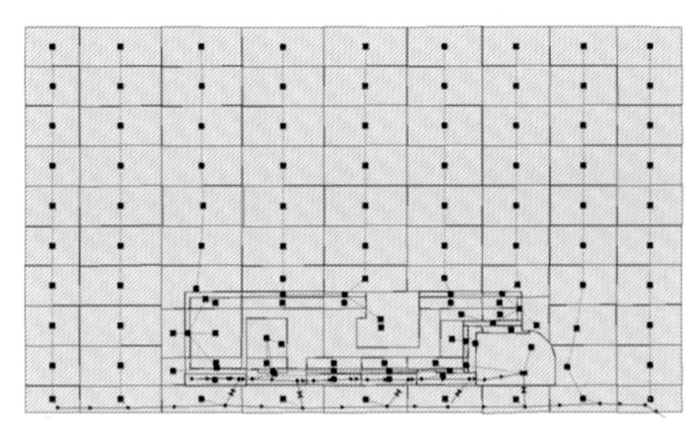

图 4-4-12 场地 SWMM 模型

对于模型中参数的选择，面积和特征宽度从 SWMM 模型底图中量取；坡度根据实测数值为 0.02%；透水率根据场地实际情况取值为 0；模型中各节点内底相对标高根据坡度确定；管道设定了两种类型，其一为南侧边缘的圆形管道，根据地下管网资料确定内径值，曼宁系数取 0.01；另一类为场地排水层，模型将其概化为矩形明渠，曼宁系数为 0.01。

模拟计算结果显示，海绵体建设前体验舱前积水深度为 1.5 ～ 2.0 cm，需要 12 小时左右减退为零。该模拟数值与现场观测相吻合。海绵体建设后，在降雨总量方面，实现对 10.6% 降雨总量的蓄滞再利用，中小强度降雨不积水。

将基于计算模拟的定量分析方法引入“海绵城市景观规划设计”中，可为规划设计方案提供重要参考，便于设计师根据场地问题和项目目标，对方案进行及时调整，保障规划设计方案中雨洪管理功能的有效性和达标性。

4.4.3 案例总结

天津大学阅读体验舱景观建设项目是海绵城市建设理念和相关措施在约束性较强的场地上进行巧妙运用、合理统筹的一个典型案例。项目用地规模虽仅为 290.5 m^2，但以小见大，关注了人工水循环系统与自然水循环系统的结合，强调了灰色与绿色基础设施的耦合叠加，并在较强场地约束的条件下（场地下垫面渗透性为零、可利用空间有限）将雨洪管理功能巧妙地与场地景观营造有机融合，构建起既可满足师生阅读、交流、休憩等需求，又可解决场地积水问题、实现水资源循环利用的海绵系统，对我国城市旧城区雨洪系统的改造提升具有启发和借鉴作用。

4.5 天津大学建筑空间环境实验舱景观设计

项目类型	节水与水资源利用目标下绿色建筑室外环境景观设计
项目地点	天津市南开区卫津路 92 号天津大学附属中学院内
设计方	天津大学建筑设计与城市规划研究总院风景园林院
设计人	曹磊 杨冬冬 王焱 付建光 王忠轩 刘志波 高艳军 石磊 沈悦
主要内容	以绿色建筑的节水和水资源利用为目标，针对场地雨水径流量和水质特点，提出雨水资源收集再利用的设计目标。遵循水流和水体净化的客观规律，形成兼具景观审美需求和雨水管理功能的景观设计方案
建设期	规划设计：2015 年 建设施工：2016 年
场地信息	场地规模：3780 m^2 建筑面积：1588.2 m^2 场地水文环境情况：项目位于天津大学西门附近的一片闲置地中。建筑空间环境试验舱的建成使得场地开发前后的产流量和水文循环过程发生较大变化
降雨条件	602.9 mm/a

4.5.1 案例阐述

天津大学建筑空间环境实验舱位于天津大学西门外，建筑用地面积 3 780 m^2，建筑面积 1 588. 16 m^2，建筑占地面积 1 068. 21 m^2。该建筑作为绿色建筑智能化评估监测平台，用于建筑空间－能耗－舒适度三者的耦合影响机理研究，探究各项空间要素对于主观热感受的影响。建筑室内分为南北两部分空间：南侧为 24 m×24 m×9 m 的实验区，用于定量研究建筑空间要素对人体主观感受的影响。建筑升降顶板、移动式脚手架隔墙的设计以及地源热泵等设备的安装，使实验舱的空间要素和环境物理参数可根据实验要求进行变化，极大地有利于开展空间尺度、空间界面、空间光照度等建筑空间要素对人体主观感受产生影响的实验；舱体北侧为声学、光学实验室以及办公等其他辅助功能空间。

天大建筑空间环境实验舱不仅为绿色建筑研究提供监测、实验平台，而且其本身也是一栋绿色建筑，应用了多项先进的绿色建筑技术，主要表现在：（1）采用新型能源系统——地源热泵，在夏季可为建筑免费供冷；（2）为节约能源，采用地板辐射的末端供冷供热方式。根据中华人民共和国住房和城乡建设部颁布的《绿色建筑评价标准》，除了节能与能源利用外，节水与水资源利用也是绿色建筑评价标准的重要内容之一。因此，合理使用非传统水源，将雨水资源利用与景观设计相结合，成为天津大学建筑空间环境实验舱景观设计的基本出发点。

建筑空间环境体验舱所在地原为学校存放煤、建筑材料等的闲置地。地形平整，西面略高于东侧。该地块水文环境简单，西、北、南三面围墙使降雨时外围场地产流无法汇入，而是直接绕过该地块流向下游。场地现状地表具有一定下渗能力，雨季地表产流量有限，且由于场地内很少有人员活动，故一直未建市政排水系统。但是实验舱建成后，场地的硬质化率大幅提高，建筑屋顶面积占整个场地的近 30%，东西两侧共有 16 根雨落管接向场地。雨季，屋面径流将在短时间内集中向场地汇集，且汇流量较大。实验舱建筑设计效果见图 4-5-1，空间分析见图 4-5-2。

图 4-5-1 实验舱建筑设计效果图

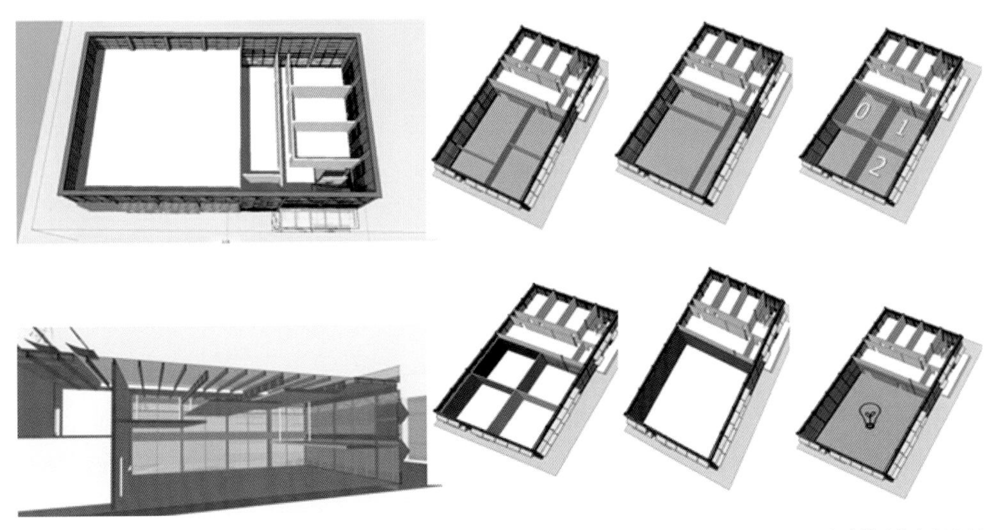

图 4-5-2 实验舱建筑空间分析

4.5.2 案例分析

4.5.2.1 构建弹性的海绵系统——净污分管、开源节流

对于非传统水源的回收再利用而言，首要的是回收净化后的水体能够严格满足用水水质要求。因此一方面为了保障回用水水质，另一方面为了合理降低净水设施规模，缩减建设成本，项目中设计团队根据雨水径流的污染程度不同，采用净污分管的海绵系统规划设计原则，即道路、停车场径流与建筑屋面径流的收集管理路线分隔，形成屋面集雨系统和道路集雨系统两套系统，彼此独立运行。前者主要对通过屋面汇流的雨水进行收集、输送以及过滤等水质处理后，存入储水设施以供使用。后者主要对道路、停车场的雨水进行收集、输送，经油、水分离净化处理后，促使径流下渗，补充地下水。

研究表明，与场院、道路或自然坡面等产生的径流相比，屋顶雨水径流的污染程度较低，污染物主要为悬浮物和有机物。并且，屋面雨水经常表现出初期冲刷效应，即初期雨水径流中的污染物含量高，但随着降雨的持续，冲刷效应的完成，污染物浓度减小到相对稳定的浓度，雨水径流的水质明显提高。据相关资料介绍，初期径流雨水中污染物的含量占降雨径流中总污染物含量的75%以上，并且主要集中在一场降雨的前2㎜降雨量中。因此，屋面集雨系统的第一环节是初期雨水弃流设施。本项目中，位于雨落管下方，环绕实验舱一周的砾石沟承担上述功能。即一场降雨，前2～3㎜屋面径流被截留在砾石沟中约占30%的孔隙空间中。当砾石沟中水深超过3㎜时结束初期弃流，径流经砾石沟外侧边壁上的凹槽流入建筑前9m×30m的雨水花园中。在这个过程中，砾石沟还同时兼顾着对屋面径流的缓冲消能作用。雨水花园由两部分组成，分别是位于中央的复杂型生物滞留池和四周的调节干塘。调节干塘内有若干凸出塘底20㎜的矩形条石，彼此交错呈鱼骨形布置。屋面径流从砾石沟溢出流入调节干塘后受条石阻隔，以S形路线流动，流程得到有效增长，汇集速度明显减缓。这种做法，有效增加了径流与干塘中植物茎根的接触时间，悬浮物沉淀、有机物过滤功效明显。位于中央的生物滞留池，其上表面略低于四周干塘表面，是整个雨水花园的最低点。雨水径流穿过干塘后，汇集到生物滞留池中。生物滞留池自上而下由蓄水层（也称植物层，一般深度为100～200㎜）、种植土层（75～85㎜）、填料层（800㎜）以及砾石层（500㎜）组成，其中填料层与砾石层间由透水土工布分隔，砾石层内有多孔PVC管贯通。填料层中沙子（粒径在0.05～2㎜）一般占到85%～88%，有机物占到3%～5%，其余则为细料。根据研究，这种组合填料对雨水径流中悬浮物的去除率可达60%～100%，总磷的平均去除率为70%，总氮的在45%～50%之间，细菌的去除率为70%左右，水质净化效果明显。为尽可能多地将净化后的雨水径流收集起来用于它用，本项目中生物渗透池池底及侧壁均用土工膜包裹。过滤净化后，储存在砾石层中的径流经埋于其中的多空PVC管，传输到下游集中储水箱中。

集中储水箱10m×9m×0.9m，埋于地下，四周边壁和底做防渗处理，顶部留有检修井。为对回收的径流水质做进一步提升，用砂滤罐对水体进行二次处理后进入储水箱，进而使箱中储存水体能够达到《城市杂用水水质标准》（GB/T 18920—2002）中有关冲厕水的指标要求。此后，经泵提升，储水箱中水体进入建筑室内的冲厕供水和绿化供水环节。

项目中的道路集雨系统简洁清晰，停车场与道路地面雨水经由亚科一体式树脂混凝土排水沟收集后，排至轻油分离器，沉泥去油后再排进PP蓄水模块，做下渗处理，回补地下水（见图4-5-3～图4-5-5）。

图4-5-3 停车场、道路雨水收集净化措施示意图（由亚科排水科技有限公司提供）

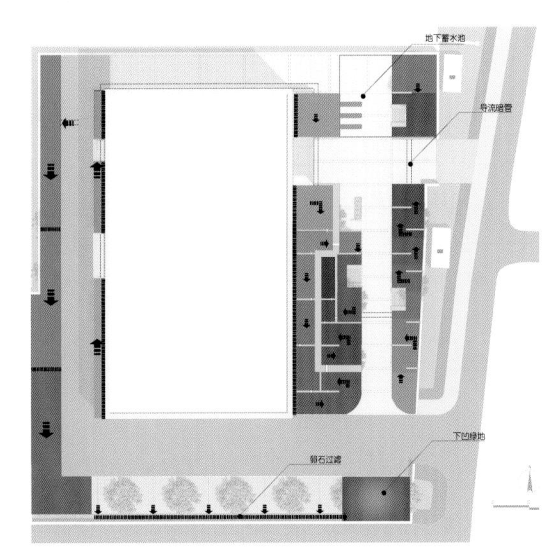

图 4-5-4 场地净污分管系统模式图

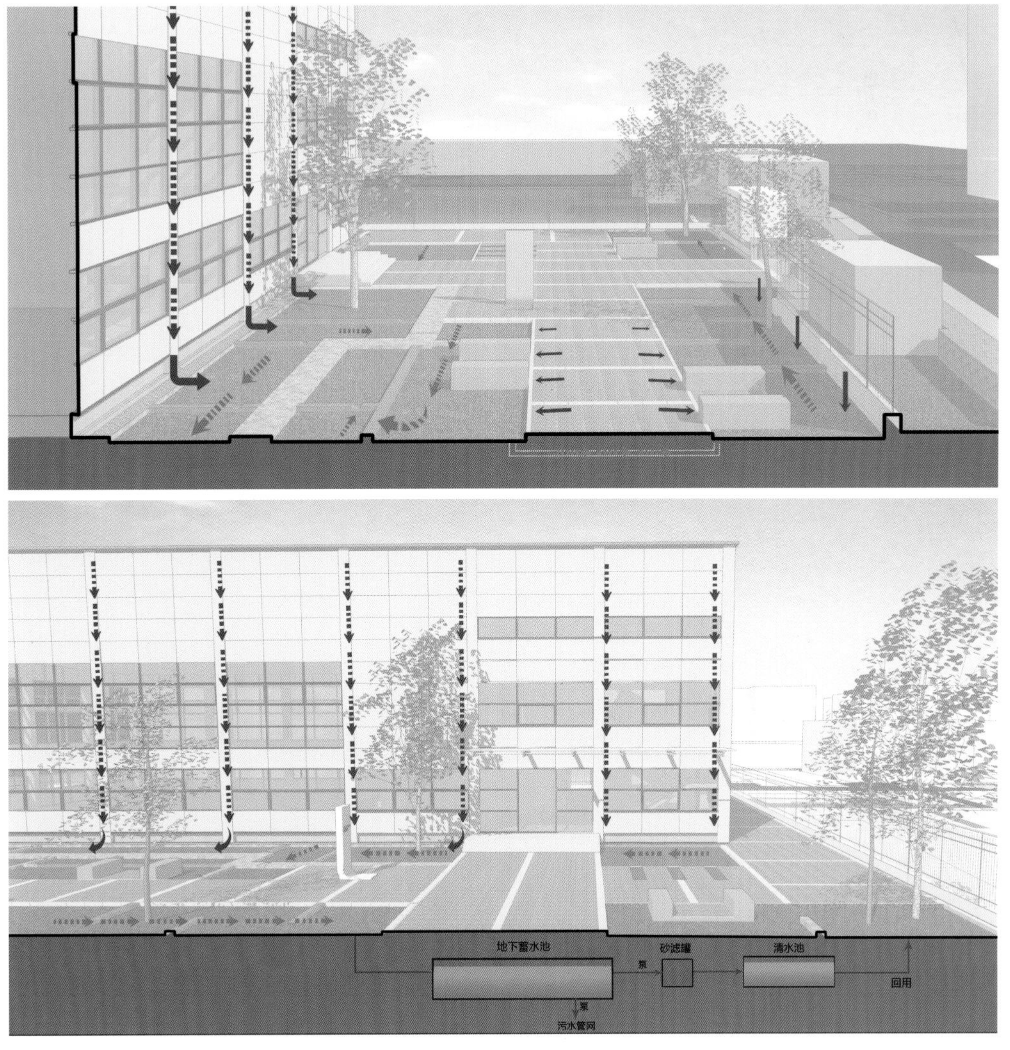

图 4-5-5 场地雨水径流汇水分析图

4.5.2.2 创造宜人的景观感受

实验型的绿色低碳建筑无论简洁的外形还是内部先进的实验平台都呈现出一种现代、简洁的空间氛围。因此，整个场地的景观设计不仅如上文述，注入了多样的生态技术，实现了绿色建筑节水和水资源再利用的目标，而且也充分满足了景观审美的要求。

项目中，设计团队反对为设计而设计，即明确“净污分管，开源节流”的设计目的，去掉与功能不相干的、刻意而不必要的设计形式和手段，去掉繁复的材料变化。由此，景观布局、绿地的细节设计、构造设计虽简洁却也包含着顺其自然的深刻含义，既符合了使用者行、观、停、游的需求、也顺应了水流、水净的自然规律。

在这里，因结构框架而在建筑立面形成的竖向分隔线、因延长径流游线而在雨水花园中出现的条石分隔线以及场地铺装而产生的拼接线，三者形式呼应，连贯统一，以简单、纯粹的景观设计形式与建筑体有机融合，构建起完整的场地空间。道路边沟、雨落管下的砾石沟以及建筑前的雨水花园既在功能层面实现了建筑内外水系统的连接，同时也在空间塑造层面加强了建筑内外的空间渗透和视线沟通。景观设计见图 4-5-6 ～图 4-5-10。

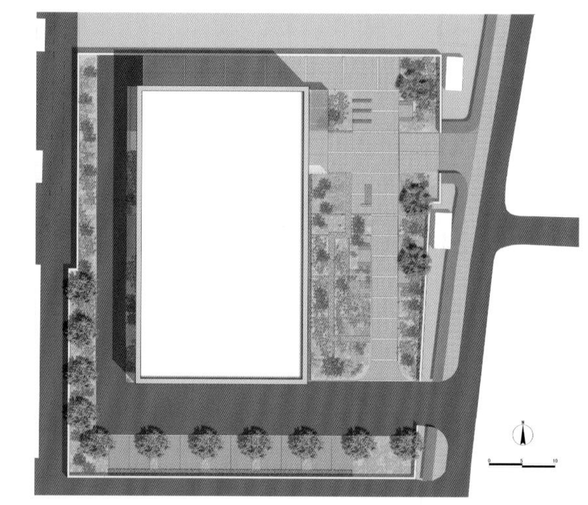

图 4-5-6 景观平面图

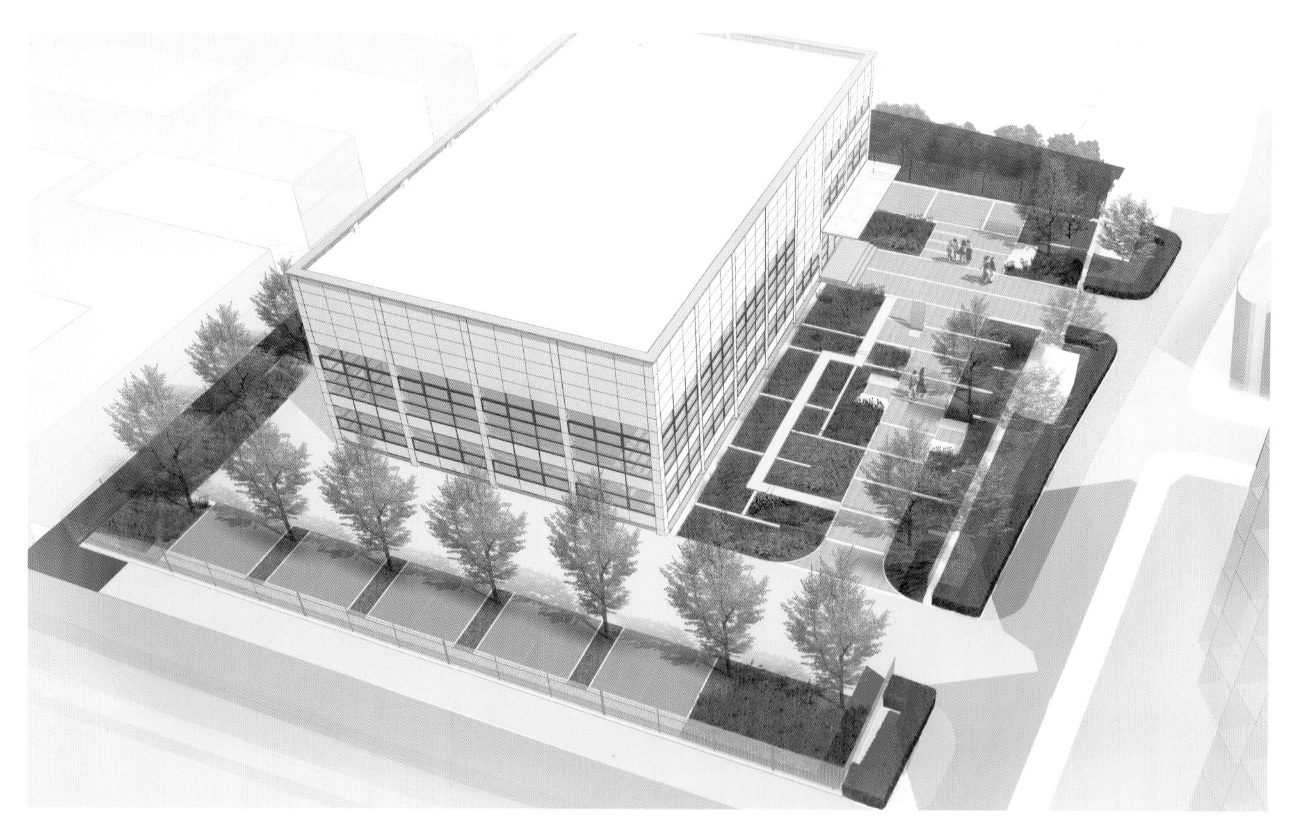

图 4-5-7 景观鸟瞰效果图

4.5.2.3 满足多重的功能需求

整个项目，不仅仅建筑舱体是一个用于进行空间—能耗—舒适度耦合关系研究的实验对象，其景观环境也是一个可用于生态化雨洪管理研究、水资源循环利用研究的监测观察对象。师生可根据实验观测目标的不同，如雨水花园植物种类对水体净化效果研究、生物渗透池填料层填充物水质净化效率研究、水力停留时间与汇集路由关系研究等，对已有系统进行一定程度上的改变、调整，因此该景观设计项目是一个实验性的景观。

图 4-5-8 景观人视效果图

4.5.3 案例总结

天津大学建筑空间环境实验舱景观设计也是一个校园景观环境改善与教学科研需求兼顾的项目。由于一系列巧妙融入景观环境的水调控、水净化技术的应用，使得该项目成为不同于原始自然生态景观的人工生态化景观。它并不意味着杂乱和荒芜，而是以一种人们心中的艺术形象，简洁大方地呈现出来，与建筑形式、使用者需求相契合。作者希望该项目，同前面阐述的四个项目一道成为生态化景观技术付诸实践的示范，在我国海绵城市建设乃至“美丽中国”的建设中发挥作用。

图 4-5-9 景观人视效果图

图 4-5-10 景观效果图

结论

CONCLUSIONS

随着国务院以及各级政府对于海绵城市建设的大力推广和积极支持，城市的开发建设者对于生态化雨洪管理理念的认可度正在持续提升，相关技术措施的科学研究已广泛展开，相信对于未来城市内涝以及水质恶化问题的改善可起到明显的积极作用。从本书介绍的四个实践案例不难看出，“源头处理，系统统筹”的海绵城市建设系统化理念以及若干可进行景观化处理的技术手段在不同类型项目中均具有极强的适应性和可操作性。目前，“美丽中国”的建设正在全面进行中，旧工业区、老城区的复兴建设、滨水空间的改造提升、城市绿廊、慢行系统以及休闲游憩绿地的设计建造项目众多，这些都为生态化雨洪管理措施的全面落地创造了可能。加之，我国对试点城市采取了经济补充模式，海绵城市建设迎来了难得的机遇和挑战。

挑战之一来自于多目标下多专业技术知识的综合运用，如第三章海绵城市规划设计要则中所述，传统依靠市政管网的治理模式，隐藏于地下，以快排速泄为单一目标，来自于市政工程研究与规划设计领域的单方面人员，便可完成城市雨洪管理的工程建设。而海绵城市建设不仅关系到雨洪管理效能的问题，也涉及城市空间组织利用、环境融合、市民接受等方方面面，不可避免地需要水利工程、环境工程、市政工程、城市规划、城市设计以及景观规划设计等多领域团队的密切沟通。这虽不是技术问题，但其已成为关乎海绵建设方案成败的关键内容之一。

挑战之二来自于总体规划中各专项规划、规划中的各个层级（从总体规划、控制性详细规划到修建性详细规划）始终保持相同的雨洪管理理念，从“顶层规划”到“技术落实”贯彻相同的雨洪管理策略。新型雨洪管理技术措施以分散的小型措施为主，作为“自底向上”的要素若孤立运用，难以解决城市水循环这一庞杂的系统问题，只有当科学合理的上层规划与巧妙灵活的具体措施保持一致，方能达到预期的生态效益。如在天津大学北洋园校区景观规划设计案例中，“分区而治，内外联合”的策略方针始终保持不变，并最终通过景观节点的设计落实到位。

挑战之三，我国地域广阔，气候、场地环境差异大，必须结合当地的具体环境、场地特点确定科学的海绵城市建设目标和采取适宜的技术措施。

本书以对应海绵城市规划设计四项基本要则的方式，结合实践案例清晰地阐述了生态化雨洪管理措施在水循环修复、水环境保护以及景观营造、多功能复合方面的突出优势，而这仅是一个开端。随着全国海绵城市建设实践高潮的到来，海绵城市理论将更加丰满、更加完善。

参考文献
REFERENCES

[1] 李德华 . 城市规划原理 [M]. 北京：中国建筑工业出版社，2001.

[2] Credit Valley Conservation, Toronto and Region Conservation Authority Canada. Low Impact Development Stormwater Management Planning and Design Guide[EB/OL].http://www.credivalleyca.ca//sustainability/lid/stormwaterguidance/index.html,2010-03-24.

[3] 徐燕燕 . 中国式“雨污分流”：治污效果不明显 分流难治涝 [N]. 第一财经日报，2013-10-30.

[4] 刘燕，赵冬泉 . 我国城镇市政排水管网相关标准发展探讨 [J]. 给水排水，2012(S1):427-430.

[5] 北京“7•21”特大暴雨遇难者人数升至 79 人 [IEB/OLJ].2012-08-06.http://www.chinanews.com/gn/2012/08-06/4085857.shtml.

[6] 宗边 . 中央财政给予海绵城市试点专项资金补助 [N]. 中国建设报，2015-01-20.

[7] 中华人民共和国财政部经济建设司通知公告 [R]. 北京：住房和城乡建设部 .2015-01-15.

[8] 牛帅 . 低影响开发模式单项设施适用性评价 [D]. 天津：天津大学建筑学院，2015.

[9] HOYER J, DICKHAUT W, KRONAWITTER L. Water sensitive urban design-principle and inspiration for sustainable stormwater management in the city of the future[M].Berlin: Jovis Verlag GmbH, HafenCity University Hamburg,2011.

[10] 曹磊，杨冬冬，黄津辉 . 基于 LID 理念的人工湿地规划建设探讨——以天津空港经济区北部人工湿地为例 [J]. 天津大学学报（社会科学版）,2012,14(2):144-149.

[11] 杨锐，王丽蓉 . 雨水花园：雨水利用的景观策略 [J]. 城市问题，2011（12）:51-55.

[12] DIETZ M E, CLAUSEN J C. Saturation to improve pollutant retention in a rain garden.[J]. Environmental Science & Technology, 2006, 40(4):1335-1340.

[13] 黄兆平，肖建忠，刘冰 . 雨水花园赏析 [J]. 安徽农业科学，2011，39（9）:5412-5413.

[14] 侯科龙，秦华，杨丽丽，等 . 居住区雨水花园建造方法探析 [J]. 安徽农业科学，2011,39（7）:4096-4098.

[15] 万乔西 . 雨水花园设计研究初探 [D]. 北京：北京林业大学，2010.

[16] 刘燕，尹澄清，车伍 . 植草沟在城市面源污染控制系统的应用 [J]. 环境工程学报，2008,2(3):334-339.

[17] 赵坤辉，马松翠，马松豪 . 植草沟在城市景观设计中的应用探讨——以西安浐河景观节点中的植草沟设计为例 [J]. 城乡建设，2010（16）:269-270.

[18] 张福强，曹虹，成超 . 公路生态型植草沟研究 [J]. 交通标准化，2011（11）：54-57.

[19] 马晓谦，苏继东，吴厚锦 . 公路生态型植草沟设计技术 [J]. 交通标准化，2011（Z2）:78-81.

[20] 汪艳宁，张杏娟，程方，等 . 植被渗透浅沟对城市暴雨径流的调蓄效应研究 [J]. 中国给水排水，2012,28(5):61-63.

[21] 尚丽民 . 城市雨水径流复合介质多级过滤技术研究 [D]. 北京：北京建筑大学，2013.

[22] 张炜，车伍，李俊奇，等 . 植被浅沟在城市雨水利用系统中的应用 [J]. 给水排水，2006,32（8）:33-37.

[23] 海绵城市建设技术设计指南——低影响开发雨水系统构建 [Z]. 北京：住房和城乡建设部，2014,10:43-44.

[24] 王建军，李田 . 雨水花园设计要点及其在上海市的应用探讨 [J]. 环境科学与技术，2013（07）：164-167.

[25] 刘月琴，林选泉 . 人行空间透水铺装模式的综合设计应用——以陆家嘴环路生态铺装改造示范段为例 [J]. 中

国园林，2014，36（7）:87-92.

［26］ANDO A W, FREITAS L P C. Consumer demand for green stormwater management technology in an urban setting: The case of Chicago rain barrels[J]. Water Resources Research, 2011, 47(12):155-168.

［27］天津大学新校区水资源综合利用专项规划 [Z]. 天津：天津大学建筑设计规划研究总院，2013. 6. 22(1).

［28］CJ/T 299—2008，中华人民共和国城镇建设行业标准——水处理用人工陶粒滤料 [S]. 北京：中国标准出版社，2008.

［29］胡伟贤，何文华，黄国如，等．城市雨洪模拟技术研究进展 [J]. 水科学进展，2010，21（1）:137-144.

［30］欧克芳，林鸿，陈桂桥，等．沉水植物的特点及其应用 [J]. 安徽农业科学，2008,36(17):7210-7211，7221.

［31］SPILLETT P B,EVANS S G,COLQUHOUN K.International perspective on BMPs/SUDS:UK—sustainable stormwater management in the UK[C].World Water and Environmental Resources Congress,2005.

［32］车伍，杨正，赵杨，等．中国城市内涝防治与大小排水系统分析 [C]. 上海：2013 城市雨水管理国际研讨会．2013:13-19.

［33］U.S. Department of Transportation. Urban Drainage Design Manual[M]. 3rd ed. Washington:Hydraullics Engineering Publication, 2009.

［34］DIGMAN C, BALMFORTH D,KELLAGHER R, et al. Designing for Exceedance in Urban Drainage: Good Practice[M].London: Construction Industry Research & Information Association(CIRIA),2006.

［35］Queensland Government. Queensland Urban Drainage Manual[M]. Queensland: Queensland Government,2007.

图书在版编目（CIP）数据

走向海绵城市：海绵城市的景观规划设计实践探索 / 曹磊等著. — 天津：天津大学出版社，2016.3（2018.1 重印）
（北洋设计文库）
ISBN 978-7-5618-5537-9

Ⅰ. ①走… Ⅱ. ①曹… Ⅲ. ①城市规划－景观规划－研究－中国 Ⅳ. ①TU984.2

中国版本图书馆 CIP 数据核字（2016）第 032512 号

出版发行　天津大学出版社
地　　址　天津市卫津路 92 号天津大学内（邮编：300072）
电　　话　发行部 022-27403647
网　　址　publish.tju.edu.cn
印　　刷　廊坊市瑞德印刷有限公司
经　　销　全国各地新华书店
开　　本　210mm×285mm
印　　张　9.25
字　　数　144 千
版　　次　2016 年 4 月第 1 版
印　　次　2018 年 1 月第 2 次
定　　价　168.00 元